高效养殖关键技术图说系列

图说高效养肉鸡关键技术

主　编

陈继兰　孙研研

编著者

刘　念　孙研研　李云雷

贾亚雄　罗清尧　陈　余　陈继兰

金盾出版社

内 容 提 要

本书由中国农业科学院北京畜牧兽医研究所养禽专家编著。采用图片加文字说明的方法，对肉鸡品种的选择，鸡舍的建造，饲料的配制，育雏、育肥期的饲养管理，肉鸡场的日常消毒与防疫，肉鸡常见病的防治等进行了较详细的介绍。

本书内容新颖，图文并茂，技术要点叙述清楚，通俗易懂，是肉鸡饲养者一本较好的自学教材。

图书在版编目(CIP)数据

图说高效养肉鸡关键技术/陈继兰,孙研研主编 . —北京:金盾出版社,2015.7(2019.1重印)

(高效养殖关键技术图说系列)

ISBN 978-7-5082-9909-9

Ⅰ.①图… Ⅱ.①陈…②孙… Ⅲ.①肉鸡—饲养管理—图解 Ⅳ.①S831.4-64

中国版本图书馆 CIP 数据核字(2015)第 000571 号

金盾出版社出版、总发行
北京市太平路 5 号(地铁万寿路站往南)
邮政编码:100036 电话:68214039 83219215
传真:68276683 网址:www.jdcbs.cn
中画美凯印刷有限公司印刷、装订
各地新华书店经销
开本:850×1168 1/32 印张:3 字数:71 千字
2019 年 1 月第 1 版第 3 次印刷
印数:8 001～11 000 册 定价:13.00 元
(凡购买金盾出版社的图书,如有缺页、
倒页、脱页者,本社发行部负责调换)

前　言

　　我国目前年出栏肉鸡大约 100 亿只，以快大型白羽肉鸡和黄羽肉鸡为主。白羽肉鸡大约占总禽肉产量的 45%，黄羽肉鸡大约占 25%，其他禽肉来源于水禽、淘汰蛋鸡及肉杂鸡。

　　我国白羽肉鸡繁育体系比较健全，一般为四系或三系配套，从国外进口祖代鸡，繁殖父母代和商品代。祖代场一般只出售父母代种鸡或种蛋。产业链比较健全的公司则可能是祖代－父母代－商品代自繁自养自销模式。黄羽肉鸡则一般为三系或两系配套，因此极少生产销售祖代鸡，公司出售父母代和商品代，或者自繁自养自销。目前肉鸡饲养多为公司＋农户(基地)模式，公司在向养殖者提供鸡雏的同时，也提供相应的技术服务。但因公司规模大小和合作形式的不同，服务层次也不同，需要养殖者掌握必要的专业知识，比如品种和场址选择、饲料质量、饲养管理、重要疾病防控等，以获得最佳养殖效益。

　　肉鸡品种的选择，要考虑当地市场需求、品种的适应性、生产性能及饲养者的管理水平，不可只考虑生产性能的高低，而忽略了其他方面。鸡场和鸡舍是鸡群赖以生存的环境，合理选择场址，科学建造鸡舍，是保证鸡群健康的基本条件。在过去的 20 多年里，鸡的饲料与营养技术得到了全面发展与应用，绝大多数养鸡场采用的是全价配合饲料，配方技术差别不大，关键在于原料品质的控制。肉鸡养殖业发展到现在，现代品种和饲料配制技术都比较成熟，影响最终生产效益最核心的是饲养管理，而其中的关键又在于环境的控制。鸡赖以生存的环境的好坏，决定了鸡的健康状况，从而影响成活率和饲料转化率，最终决定生产效益。鸡舍环境控制的关键技术要素是通风，冬天还需保持保温与通风换气的平衡。

自 2010 年以来，通过农业管理部门的倡导与资金支持，肉鸡养殖标准化程度大幅度提高，其核心内容就是养殖规模与选址、鸡舍建造和设备选型等有明确规定，养殖标准化的推广使得肉鸡养殖成活率不断提高，兽药使用有望逐步减少，未来随着标准化程度的不断提高，养鸡业会进一步规范化，药物残留等问题也会逐年减少，养殖效益有望保持相对稳定。

编　著　者

目 录

第一章　肉鸡品种的选择

一、肉鸡品种选择的依据

肉鸡品种的选择，要考虑当地市场需求、品种的适应性、生产性能及饲养者的管理水平，不可只考虑生产性能的高低，而忽略了其他方面。

（一）根据市场需要选择

养殖户可以根据当地肉鸡消费的特点，确定选择养什么品种，也就是说养什么样品种的鸡好卖就养什么品种。如当地有肉鸡加工企业或大型肉鸡公司，快大型肉鸡品种销路好，就可以饲养艾维茵、爱拔益加、罗曼鸡等肉鸡品种；如果本地区对土种鸡的需求量较大，就可以饲养我国的地方品种肉鸡。无论选择哪个品种，只要搞好饲养管理，产销对路，都能取得比较好的经济效益。

同时，也要考虑市场对于羽色的要求。市场对羽色没有具体要求的可选养白羽肉鸡；如市场对羽色有要求的，可选养黄羽肉鸡；如要加工冻鸡出口外销的，选择白羽肉鸡饲养，其加工屠体美观；如以活鸡内销市场的，可选养有色羽肉鸡，不但外表美观，而且肉质鲜美。

（二）根据生产条件选择

进口肉鸡品种相对国内品种生长较快，对饲料和环境等要求较高，如果饲养条件较差，则成活率较低，因此适合在条件较好的区域饲养。鸡舍所在地自然环境较好，周围环境安静且易于与外界隔离，鸡舍环境可控。饲养设备不能满足通风、控温等要求的地区和养鸡场，则适合选择抗病力较强的地方品种或一些仿土鸡品种饲养(图 1-1)。

白羽肉鸡   黄羽肉鸡

图 1-1　根据生产条件选择合适的饲养品种

(三) 根据经济条件选择

养殖快大型肉鸡品种对饲料以及饲养环境要求相对较高，鸡舍建设投入相对较高，因此应根据自己的经济条件选择饲养的品种，一开始规模不应太大。如资金较少，可以建简易的大棚或带运动场的鸡舍，饲养一些适应能力和抗病能力较强的地方品种。同时，要考虑价格和就近原则，尽量在本地购买合适的肉用仔鸡饲养。

目前，我国饲养的肉鸡品种主要分为两大类型。一类是快大型白羽肉鸡，一般称之为快大鸡或进口肉鸡；另一类是有色羽肉鸡，一般俗称黄鸡，或黄羽肉鸡，也称优质肉鸡。

二、快大型白羽肉鸡品种

我国的白羽肉鸡品种全部从国外进口，以引进祖代为主。目前，引进品种主要来自三大育种公司：一是美国科宝公司，其主要产品有科宝 500、艾维茵 48 和科宝 700，产品特点是肉鸡性能好，主要体现在增重速度快、饲料转化率高、出肉率高、死亡率低；二是美国安伟杰公司，其主要产品有罗斯 308、罗斯 508 和爱拔益加；三是法国哈巴德公司，其主要产品是哈巴德(图 1-2)。

科宝肉鸡　　　　　　　　　　　　罗斯肉鸡

图 1-2　快大型白羽肉鸡

三、黄羽肉鸡品种

黄羽肉鸡按照来源分为 3 类：地方品种、培育品种和引进品种。

(一)地方品种

地方品种具有土鸡特点，生长时间长，饲料转化率低，但其风味、口感好，羽色、肤色各异，适合不同地区消费特点和传统烹调方式。录入 2011 版的《中国畜禽遗传资源志　家禽志》的地方型品种有 54 种，多数为肉用或肉蛋兼用型，各具特色，代表品种有北京油鸡、清远麻鸡、狼山鸡和丝羽乌骨鸡等(图 1-3)。

(二)培育品种

最新收录入 2011 版《中国畜禽遗传资源志　家禽志》的培育型品种有新狼山鸡、新扬州鸡、新浦东鸡和京海黄鸡。京海黄鸡

北京油鸡

清远麻鸡

丝羽乌骨鸡

图1-3　地方肉鸡品种

是以当地地方黄鸡资源为育种素材培育而成的地方鸡品种。新浦东鸡等其他3个品种是以原狼山鸡、扬州鸡和浦东鸡为基础，与引进的白洛克鸡和红科尼什鸡进行杂交育种而成(图1-4)。

新扬州鸡

新狼山鸡

新浦东鸡

图 1-4　培育品种

（三）引入品种

最新收录于 2011 版《中国畜禽遗传资源志　家禽志》的引入品种有隐性白羽鸡、矮小黄鸡。隐性白羽肉鸡来源于隐性白羽洛克鸡，从以色列、法国引进。矮小黄鸡俗称矮脚黄鸡，由法国威斯顿培育的高产黄羽肉鸡。这些品种主要用作育种素材，基本不用作商品鸡(图 1-5)。

隐性白羽鸡

矮小黄鸡

图 1-5　引入品种

（四）配套系

配套系是在标准品种(或地方品种)的基础上采用现代育种方法培育出来的，具有特定商业代号的高产群体。肉鸡配套系分为以下两类。

1. 自行培育的配套系 主要是以地方鸡种为基本素材，与快速生长、高产蛋鸡、隐性白鸡或矮脚鸡杂交培育而成，收录入2011版品种志的有30余种。按生产性能和体型大小，大致可以分为以下四类：①优质型，如粤禽皇3号鸡配套系。②中速型，如粤禽皇2号配套系等。③快速型，如岭南黄鸡Ⅱ号配套系等。④矮小节粮型，如京星黄鸡100配套系等。这类配套系在市场的占有率有明显的区域性，变化或更替也较快，一般在市场流通的为父母代和商品代(图1-6)。

2. 引入的配套系 收录入2011版《中国畜禽遗传资源志 家禽志》的引入肉鸡配套系有15种之多，但目前市场主要有科宝、罗斯、爱拔益加和罗曼等。这类肉鸡均从国外进口祖代，在国内销售父母代和商品代。除了销售相关问题外，饲养哪家的商品鸡，主要看种鸡质量，种鸡场鸡白痢净化的好坏很关键。

京星黄鸡100配套系　　　　　　　　岭南黄鸡1号配套系

图1-6　自行培育配套系

第二章　场址选择及养殖设施

一、场址选择与布局

鸡场和鸡舍是鸡群赖以生存的环境。因此，合理选择场址、科学建造鸡舍，是保证鸡群健康的基本条件。

（一）选　址

鸡场或鸡舍建在何处，要考虑地势、水源、交通和环境的因素。要求地势较高，平坦并且有一定斜坡，有利于排水，通风良好；水源充足并且符合卫生要求；交通便利同时又要与主要交通干线有一定的距离，最好在 1 000 米以上，同时满足运输和防疫的要求；远离居民生活区，远离噪声和屠宰场等污染源；保障供电；有发展空间，利于将来发展扩大。

（二）鸡场布局

总体要求是主生产区(鸡舍)与生活区等分开；育雏、育成舍与产蛋舍分开，且育雏、育成鸡舍在上风向；净道与污道分开。鸡舍间相隔 10 米以上(图 2-1)。

二、鸡舍类型

地区不同，对于鸡舍类型的选择各异。表 2-1 为各地区鸡舍类型选择的推荐。

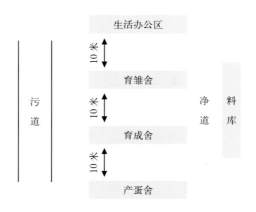

图 2-1　鸡场布局模式

表 2-1　根据温度选择不同鸡舍

区　域	1月份平均气温	建议鸡舍
严寒区	−15℃以下	封闭式鸡舍
寒冷区	−15℃ ~ −5℃	封闭式鸡舍
冬冷夏凉区	−5℃ ~ 0℃	有窗可封闭式鸡舍
冬冷夏热区	0℃ ~ 5℃	有窗可封闭式鸡舍
炎热区	5℃以上	开放式鸡舍

（一）封闭式鸡舍

封闭式鸡舍即无窗鸡舍（图 2-2），一般为砖瓦结构或钢板活动房，适合在北方寒冷地区经济条件较好的规模化养鸡场采用。这种鸡舍无窗，只备有应急窗，仅在停电时应急使用。鸡舍保温较好，采用人工光照和机械通风，鸡群不受外界环境因素的影响，生产不受季节限制；节约用地；阻隔疾病的自然传播效果较好。但造价高；防疫体系要求严格，水、电供应要求严格，对电的依赖性极强；对管理水平要求高。在人工费用不断增加的今天，越来越多地采用规模化和标准化养殖方式。

图 2-2 封闭式鸡舍

（二）有窗可封闭式鸡舍

这种鸡舍在南北两侧墙壁设窗户作为进风口，条件较好的大型鸡舍通过开窗机来调节窗的开启程度。气候温和的季节依靠自然通风；在气候寒冷时则关闭南北两侧大窗，开启一侧山墙的进风口，并开动另一侧山墙上的风机进行纵向通风。该种鸡舍兼备了开放与封闭鸡舍的双重功能，但对窗子的密闭性能要求较高，以防造成机械通风时的通风短路现象。我国中部及华北的一些地区可采用此类鸡舍。机械通风目前多采用负压通风进行降温和改善鸡舍内环境，是一种由安装地点的对向大门或窗户自然吸入新鲜空气，将室内闷热气体迅速强制排出室外，降温换气效果可达90% ～ 97%(图 2-3)。

（三）开放式鸡舍

南方地区一般采用开放式鸡舍饲养黄羽肉鸡。这种鸡舍冬季不供暖，靠太阳能和鸡体散发的热能来维持舍内温度；采用自然

图 2-3 有窗可封闭式鸡舍

光照辅以人工光照。开放式鸡舍有两种，一种是有窗鸡舍，根据天气变化开闭窗户来调节舍内温度及通风换气；另一种是卷帘鸡舍，用帐幕作为墙体，靠卷起和放下帐幕调节鸡舍内的温度。

开放式鸡舍具有防热容易、保温难、基建投资运行费用少的特点。开放式鸡群受外界环境影响较大，并容易受到病原的侵袭。由于开放式鸡舍较难保温，故育雏鸡舍不宜用这种鸡舍，寒冷地区也不适用，较适合我国南方地区一些中小型养鸡场或家庭式养肉鸡专业户。由于条件不容易控制，因此不适合饲养快大型白羽肉鸡(图 2-4)。

图 2-4 开放式鸡舍

（四）简易棚舍

一方面，这种鸡舍用于南方气温较高地区，根据当地情况，可用砖块、钢管、角铁、竹竿或木棍等作支架，四周和棚顶可采用塑料膜、篷布、塑编布或石棉瓦等。常用的是塑料大棚，冬季可充分利用太阳能加温，夏天棚顶加盖5厘米厚以上麦秸或草苫，以便降温防暑，冬天气温低下时，可适当补充热源，棚内温度可达到12℃～18℃。塑料大棚养鸡既可笼养，也可地面平养（图2-5）。

图2-5 简易棚舍

另一方面，这种鸡舍为北方夏、秋季节的放养鸡避风挡雨和夜间休息提供了场所。放养型肉鸡一般是充分利用山林、果园、灌丛、草地环境，所以只需要搭建一定量的简易鸡舍。鸡舍相对简单，一般是在较为平整的地方，利用秸秆、木条、塑料绳编成篱笆墙，或用塑料布、塑料薄膜、油毡等围上。一般大棚宽5米，棚中间高8～10米，长度依据饲养鸡数量而定，一般掌握在15～20只／米^{2}为最好。在棚内距地面30厘米处用竹条或木条钉成活动层板，供鸡栖息。

第三章　种蛋孵化关键技术

由于电孵化机的不断发展，目前无论大型种鸡场、孵化场，还是农村小型个体孵化场，基本都采用电孵法，只是孵化机的容量大小不同而已。电孵的优点是操作简便，节省人力，清洁且节省能源，同时容易上规模。电孵法的关键技术如下。

一、选择恰当的孵化机

孵化机有巷道式和箱式两种。箱式孵化器容蛋量可以达几千枚到 2 万枚左右，常见的有 16800 型(满孵 16 800 枚种蛋)和 19200 型(满孵 19 200 枚种蛋)。一般中小型孵化厂使用箱式孵化机。通过控制面板的程序设定，能够实现自动控制温度、湿度和转蛋(图 3-1)。

箱式孵化机　　　　　　　　　　巷道式孵化机

图 3-1　孵 化 机

二、孵化场所的清洁与消毒

孵化的前几天，对孵化室的地面、用具等进行清洁消毒。先打扫干净，然后用清水冲洗，等水干了以后，用消毒液喷洒或喷雾消毒(图3-2)。注意孵化机不宜用火碱水等腐蚀性液体消毒。常用消毒液的名称和用法如表3-1。

图3-2　孵化室喷雾消毒

表3-1　常用消毒液配比表

消毒药名称	配　比	消毒次数
过氧乙酸	5份药：95份水	每周1次
新洁尔灭	5份药：95份水	每周1次
火碱液	1份药：99份水	每周1次

三、种蛋的挑选与消毒

种鸡发生疾病时期，特别是发生能垂直传播的疾病时，种蛋不宜孵化；入孵种蛋大小要适中，种鸡刚开产时的种蛋偏小，一般不孵化；种蛋表面要求干净，蛋形不能过长或过圆；蛋壳要均匀，剔除蛋壳过厚或过薄的种蛋；剔除破蛋或裂纹蛋（图 3-3）。

正常形　太大　太小　太长　太圆　沙皮蛋　软壳蛋

图 3-3　严格挑选种蛋

种蛋收集应每 1 ~ 2 小时进行 1 次，收集后立即进行熏蒸消毒。每立方米空间用 40% 甲醛溶液 28 毫升，熏蒸 20 分钟，通风 30 分钟；40% 甲醛熏蒸要注意安全，防止药液溅到人身上和眼睛里，消毒人员最好戴防毒面具，防止甲醛气体吸入人体内（图 3-4）。

图 3-4　种蛋熏蒸消毒

四、种蛋的保存

保存种蛋的温度适宜，才能有较高的孵化率(表3-2)。种蛋产出后，不要立即放入蛋库，通常过几个小时才放入蛋库，让蛋慢慢自然降温(图3-5)。

表3-2   蛋库内部保存不同时间长度最适温度

保存时间	7天以内	7～14天
保存温度	15℃～18℃	13℃～15℃

图3-5   种蛋贮存需要适当的温度和湿度

五、码蛋和入孵

把种蛋排放在孵化蛋盘等器具上叫码蛋。排放种蛋时，应将大头斜向上，千万不能小头向上。码好蛋后放入孵化机就可以加温，温度要慢慢升高，在干燥季节，孵化间里应经常洒水，保持空气相对湿度70%以上(图3-6)。

码 蛋　　　　　　　　　　　上盘入孵

图 3-6　种蛋的大头一定斜向上方

六、孵化温度和湿度

种蛋最适宜的孵化温度为：1 ～ 18 天，37.8℃；19 天至出壳，37.2℃ ～ 37.3℃。孵化房间温度最好保持在 22℃ ～ 24℃。每隔 2 小时检查 1 次温度，并做好记录。有条件的最好配置温度仪，连续记录机器内实际温度。

种蛋孵化适宜空气相对湿度为 55% ～ 60%，出雏期空气相对湿度要高一些，达 65% ～ 75%。孵化房间的空气相对湿度为 75% 左右（图 3-7）。

1 天龄　　　　　　　18 天龄　　　温度：37.5℃
　　　　　　　　　　　　　　　　空气相对湿度：55% ～ 60%

19 天龄　　　　　出壳　　　　　温度：37.2℃ ～ 37.3℃
　　　　　　　　　　　　　　　　空气相对湿度：65% ～ 75%

图 3-7　不同时期适宜的孵化温度和湿度

七、通风换气和翻蛋

孵化期间，要保持孵化房间和孵化容器内的通风换气。每周检查和清理孵化机顶部绒毛，检查排风扇皮带，确保通风正常。

孵化的 1 ~ 18 天，每 2 小时翻蛋 1 次，翻蛋角度为前、后各 45°（图 3-8），18 天后停止翻蛋。自动孵化器能自动翻蛋。

图 3-8 翻蛋（角度 45°）

八、照 蛋

一般在孵化的 5 ~ 7 天进行第一次照蛋，主要为了剔除无精蛋、弱胚蛋和死胚蛋，同时观察胚胎发育是否正常。正常胚蛋的血管网鲜红，扩散较广，胚胎呈一黑点（眼珠），转动胚蛋时，黑点跟着转动；血管较细，或仅有血线或血环，一般为弱胚或死胚；不见血管和黑点的为无精蛋。

一般在孵化的 17 ~ 18 天进行第二次照蛋，主要任务是剔除死胚蛋。正常胚蛋已占满蛋内空间，除气室外，蛋内发暗，气室边缘弯曲，血管粗大，清晰可见（图 3-9）；死胚蛋则气室边缘模糊，边缘弯曲不明显，气室附近没有血管，有时可见小头发亮。

照蛋灯

照蛋

5 天龄正常胚胎　　　　18 天龄正常胚胎

图 3-9　照蛋操作

九、落　盘

如果种蛋码在蛋盘里孵化，第二次照蛋结束，应将胚蛋移到出雏盘，称为落盘(图 3-10)。出雏盘的胚蛋不要放置太多、太挤，胚蛋不能叠层。落盘时轻拿轻放，防止碰裂造成出壳困难。落盘后继续孵化，此时不要转蛋，孵化温度以 37.2℃ ～ 37.3℃ 为宜，增加孵化机内空气相对湿度至 65% ～ 75%，同时增加通风量。

图 3-10　落　盘

十、出雏和健雏的挑选

开始大量出壳后，每 4 小时拣雏 1 次，也可以一次性拣雏，一般第 21 天就可出齐。对雏鸡要进行挑选，健康的雏鸡应该是：活泼、叫声清脆、手握雏鸡挣扎有力、羽毛光亮、卵黄吸收完全，无大肚子，无畸形，能站立(图 3-11)。

图 3-11　挑选健雏饲养

孵化出雏应做好记录(表 3-3)。

表 3-3　孵化出雏记录表

批次	孵化机号	入孵日期	入孵数（枚）	照蛋（枚）		落盘数（枚）	出雏（只）				受精率	孵化率	操作员
				白蛋数	血蛋数		出雏数	健雏数	弱雏数	毛蛋数			

十一、雏鸡性别鉴别

雌雄鉴别：黄羽肉鸡通常需要公、母分开饲养，尤其是饲养期较长的慢速型母鸡。公、母鉴别可在 1 日龄进行，一般有 3 种方式，即翻肛、羽色和羽速鉴别，这个过程在孵化场所完成，采用哪种

方案，取决于每个品种的育种方案，肉鸡养殖户一般不需要掌握。

（一）翻肛鉴别法

父母代多采用该方法鉴别雌雄，主要看生殖突起的有无和状态及八字皱襞的发达程度。

步骤：抓雏、握雏（常用夹握法和团握法）→排粪→翻肛鉴别→放雏

注意：要在出壳后12小时内进行。此时雏鸡生殖隆起的性状最显著，24小时以上，雏鸡肛门发紧，难于翻开，而且生殖突起萎缩，甚至陷入泄殖腔深处，不便观察。翻肛鉴别时，通常是选择带有反光罩的40～60瓦的白炽灯作为光源，光线较集中，有利于观察。光线太亮，虽便于观察，但对眼睛刺激性很强，易引起疲劳。动作要轻、快，否则易损伤肛门。时间过长，肛门易被粪便或渗出物掩盖，或导致黏膜充血，增加辨认难度。翻肛鉴别需要经过专门训练的技术人员完成（图3-12）。

图3-12　翻肛鉴别雌雄

（二）羽速鉴别法

通过特定的遗传选择和选配，商品代可按快、慢羽进行雌雄鉴别。比如，父本是快羽，母本是慢羽，杂交后商品代公雏是慢羽，母雏是快羽。快慢羽的区分主要由初生雏鸡翅膀上的主翼羽和覆主翼羽的长短来确定，如图3-13所示，主翼羽明显长于覆主翼羽的为快羽（a），慢羽分为4类：①主翼羽比覆主翼羽短（b）；②主翼羽与覆主翼羽一样长（c）；③主翼羽未长出来（d）；

④主翼羽与覆主翼羽一样长，但前端有 1 ～ 2 根比覆主翼羽稍长（e）（图 3–13）。

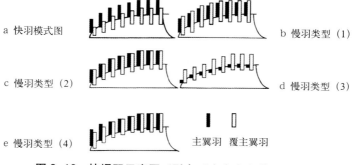

a 快羽模式图　　　　　　　　　　　　　b 慢羽类型（1）

c 慢羽类型（2）　　　　　　　　　　　　d 慢羽类型（3）

e 慢羽类型（4）　　　　主翼羽　覆主翼羽

图 3–13　快慢羽示意图（引自《家禽生产学》，2002）

十二、接种马立克氏病疫苗

一般超过 90 日龄出栏的肉鸡需要注射马立克氏病疫苗，在出雏 24 小时以内完成注射。采用颈部皮下注射，每只雏鸡 1 头份（0.2 毫升）（图 3–14）。另外，要注意鸡马立克氏病活疫苗不得与其他疫苗混合使用。

图 3–14　注射马立氏病疫苗

第四章 肉鸡饲料配制关键技术

一、肉鸡需要的营养成分

肉鸡所需营养元素及功能见表 4-1。

表 4-1 肉鸡需要的营养成分

主要营养成分	主要作用	供给不足对肉鸡的影响
碳水化合物	用于维持正常的生命活动生长和维持体重	生长慢
蛋白质	主要用于生长	生长缓慢，胴体品质降低
钙和磷	用于骨骼生长、能量代谢	骨骼病变，食欲减退
微量元素（铜、铁、锰、锌、硒、碘）	生长必需	生长缓慢，抗病力下降，各种缺乏病发生
维生素 A、维生素 D、维生素 E、维生素 K、维生素 B_1、维生素 B_2、维生素 B_6、维生素 B_{12}、烟酸、泛酸、生物素、叶酸、胆碱	用于生长和维持蛋壳质量，增强抗病力	生长缓慢，抗病力下降，各种缺乏症发生
水	维持生命和生长	抗病力下降

二、肉鸡的饲养标准

肉鸡的饲养标准就是肉鸡系统成套的营养定额。满足 1 只肉鸡 1 昼夜所需各种营养物质而采食的各种饲料总量称为日粮。

农业部 2004 年发布了《鸡饲养标准》（NY/T 33—2004）（表4-2)，依据该标准和饲料成分表，可计算出不同类型肉鸡、不同生长阶段饲料配方。各场根据不同季节和饲养水平，对饲养标准进行适当调整。

表 4-2　肉用仔鸡和黄羽肉鸡主要营养需要推荐量

肉鸡品种	肉用仔鸡			黄羽肉鸡		
饲养阶段	0～3周龄	4～6周龄	7周龄～	0～4周龄（公鸡）0～3周龄（母鸡）	5～8周龄（公鸡）4～5周龄（母鸡）	8周龄～（公鸡）5周龄～（母鸡）
代谢能（兆焦／千克）	12.54	12.96	13.17	12.12	12.54	12.96
粗蛋白质（%）	21.5	20.0	18.0	21.0	19.0	16.0
蛋白能量比（克／兆焦）	17.15	15.44	13.67	17.32	15.07	12.35
赖氨酸能量比（克／兆焦）	0.92	0.77	0.67	0.87	0.78	0.66
赖氨酸（%）	1.15	1.00	0.87	1.05	0.98	0.85
蛋氨酸（%）	0.50	0.40	0.34	0.46	0.40	0.34
蛋氨酸＋胱氨酸（%）	0.91	0.76	0.65	0.85	0.72	0.65
苏氨酸（%）	0.81	0.72	0.68	0.76	0.74	0.68
色氨酸（%）	0.21	0.18	0.17	0.19	0.18	0.16
钙（%）	1.00	0.90	0.80	1.00	0.90	0.80
总磷（%）	0.68	0.65	0.60	0.68	0.65	0.60
非植酸磷（%）	0.45	0.40	0.35	0.45	0.40	0.35
铁（毫克／千克）	100	80	80	80	80	80
铜（毫克／千克）	8	8	8	8	8	8
锰（毫克／千克）	120	100	80	80	80	80
锌（毫克／千克）	100	80	80	60	60	60
碘（毫克／千克）	0.70	0.70	0.70	0.35	0.35	0.35
硒（毫克／千克）	0.30	0.30	0.30	0.15	0.15	0.15
维生素A（毫克／千克）	8000	6000	2700	5000	5000	5000
维生素D（毫克／千克）	1000	750	400	1000	1000	1000
维生素E（毫克／千克）	20	10	10	10	10	10
维生素K（毫克／千克）	0.50	0.50	0.50	0.50	0.50	0.50
硫胺素（毫克／千克）	2.0	2.0	2.0	1.80	1.80	1.80
核黄素（毫克／千克）	8	5	5	3.60	3.60	3.00
泛酸（毫克／千克）	10	10	10	10	10	10
烟酸（毫克／千克）	3.5	3.0	3.0	3.5	3.5	3.0
吡哆醇（毫克／千克）	3.5	3.0	3.0	3.5	3.5	3.0

续表 4-2

肉鸡品种	肉用仔鸡			黄羽肉鸡		
饲养阶段	0~3周龄	4~6周龄	7周龄~	0~4周龄（公鸡）0~3周龄（母鸡）	5~8周龄（公鸡）4~5周龄（母鸡）	8周龄~（公鸡）5周龄~（母鸡）
生物素（毫克/千克）	0.18	0.15	0.10	0.15	0.15	0.15
叶酸（毫克/千克）	0.55	0.55	0.50	0.55	0.55	0.55
维生素B₁₂（毫克/千克）	0.010	0.010	0.007	0.010	0.010	0.010
胆碱（毫克/千克）	1300	1300	1300	1000	750	500

三、肉鸡的主要饲料原料及质量鉴别

（一）主要饲料原料及用量

肉鸡的主要饲料原料及用量见表4-3。

表4-3 主要饲料原料及用量范围（%）

饲料类型	原料名称	原料特性	用量范围
能量饲料	玉米	能量高，价格低廉，是最好的能量原料	55~70
	稻谷	粗纤维含量高，南方散养黄鸡发酵后使用	20~30
	小麦	含抗营养因子，必须添加酶制剂	<20
	小麦麸，次粉	能量低，容积大，一般白羽肉鸡不用	<10
蛋白质饲料	豆粕	粗蛋白质含量高，生豆粕含抗营养因子，易造成腹泻	15~35
	棉籽粕	适口性不如豆粕，需脱毒使用	<8
	菜籽粕	需脱毒使用，不宜饲喂雏鸡	<5
	花生粕	赖氨酸含量较低，容易发霉	<10
	鱼粉	蛋白质含量高，且质量好，含盐量不能过高，防止酸败	2~8
	玉米蛋白粉	玉米蛋白粉是玉米加工后的副产物，色素含量较高	0~5

续表 4-3

饲料类型	原料名称	原料特性	用量范围
矿物质	磷酸氢钙，石粉，贝壳粉，食盐	矿物质饲料为动物提供钙、磷、钠、氯等	0.3～8
预混料	氨基酸、维生素、微量元素及非营养性添加剂	为动物提供微量营养元素及提高饲料品质	0.2～1.0

（二）主要原料的质量鉴别方法

1．玉米 玉米质量鉴别方法见表 4-4，图 4-1。

表 4-4 玉米质量鉴别方法

测定内容	测定方法	质量判断
水 分	水分快速测定仪	如果水分超过 14%，要求扣除水分差价
杂 质	取 100 克玉米，用 8 目筛筛分，筛下物与筛上明显杂质的重量加起来就是杂质的百分含量	超过 5%则要求扣除杂质差价
霉粒含量	取 100 克玉米，从中挑出发霉的颗粒，称得的重量就是霉粒的百分含量	超过 5%则不能使用

优质玉米

较多杂质玉米

图 4-1 玉米质量

2．豆粕 豆粕质量鉴别方法见表 4-5。

表 4-5　豆粕的测定方法和质量判断

测定内容	测定方法	质量判断
外观	颜色，气味，颗粒大小	正常豆粕为浅黄色或淡褐色，色泽一致，有豆香味。如颜色灰暗，颗粒不均，或有霉味，不是好豆粕
杂质	观察色泽、气味、粉尘大小及包装重量	颜色浅淡，色泽不匀，结块多，可见白色粉末状东西，豆香味淡或没有，包装体积小，重量大，说明可能掺入了沸石粉、玉米
	将 25 克豆粕放入 250 毫升水中浸泡，2～3 小时后轻摇	如有泥沙，则会沉到瓶底

3.其他蛋白质饲料　其他蛋白质饲料质量鉴别方法见表 4-6。

表 4-6　蛋白质饲料质量鉴别方法

饲料	测定内容	测定方法	质量判断
棉籽粕	杂质	棉籽壳含量	棉毛多，表明棉籽壳多；用水浸泡沉淀的方法，可以鉴别棉籽壳的多少和是否掺杂
		水浸泡法	如掺有沙子，则沉淀在瓶底
菜籽粕	沙土	水浸泡法	可能被掺入石粉和沙土。用水浸泡沉淀法鉴别，沙土在 1% 以下为合格
鱼粉	外观	颜色、颗粒、气味、手感	棕黄色，颜色一致，颗粒大小均匀，手捏有疏松感，不结块，咸腥味，无异味
	杂质	肉眼观察或嗅觉	如有棕色微粒，表明掺有棉籽粕；如有白、灰和浅黄色线条状东西，表明掺有皮革粉；如掺入饼(粕)类，可闻到饼(粕)味
		样品加入 5 倍水，搅拌后静放几分钟	如掺有麦麸、稻壳或花生壳等，会漂到上面，泥沙则沉淀到下面

蛋白质饲料见图 4-2。

优质棉籽粕　　　　　　优质菜籽粕

图 4-2　蛋白质饲料

4. 磷酸氢钙和贝壳粉 质量鉴别方法见表 4-7。

表 4-7 磷酸氢钙和贝壳粉质量鉴别方法

饲　料	测定内容	测定方法	质量判断
磷酸氢钙	外　观	颜　色，气味	正常为白色或灰白色粉末。掺有骨粉会有骨粉味，颜色发灰；掺入磷肥或磷矿石会呈现黄棕色。还可能掺入石粉或滑石粉等
贝壳粉	外　观	颗粒大小	优质贝壳粉应含 70% 以上高粱粒大小的贝壳颗粒，30% 以下为粉末状。伪劣的贝壳粉呈粉末状或碎片

四、肉鸡饲料的选购与配制

（一）直接选购全价配合饲料或浓缩预混料

市售饲料主要有全价配合饲料浓缩料和预混料。

1. 全价配合饲料 不用添加任何饲料，直接饲喂肉鸡，可满足肉鸡营养需要的饲料。全价配合饲料根据肉鸡生产阶段分为不同类型。小型肉鸡养殖户可以直接从正规饲料厂购买全价饲料。颗粒饲料最大的优点是确保肉鸡采食营养均衡的饲粮。颗粒饲料还可提高适口性，减少饲料抛撒浪费。但颗粒饲料价格高，容易使鸡长得太肥，给肉鸡后期生长带来负面影响，死淘率高。干粉料喂法简单，适宜大规模的饲养，但容易造成食入养分不均衡的现象。喂湿拌料可促进鸡多采食，也可加喂青饲料，但只适合小规模饲养。

从饲养科学性角度讲，颗粒饲料较粉料好。但从经济角度讲，采用喂粉料可能比喂颗粒饲料效益高。

2. 浓缩料和预混料 肉鸡全价配合饲料又称蛋白质补充料，由蛋白质饲料、矿物质饲料及维生素等添加剂预混料配合而成的配合饲料半合品，饲喂时需要添加一定比例的能量饲料。也可从市场上购买正规品牌的浓缩料或不同比例的预混料，然后按说明书添加玉米、麦麸、豆粕等其他大宗原料。

3．选用不同饲料的优缺点 见表4-8。

表4-8 选用不同饲料的优缺点

饲料名称	添加比例	优　点	缺　点
全价料	100%	方便，混合均匀	价格稍高
浓缩料	10% ~ 40%	较方便，成本低	需自备部分原料
预混料	0.5% ~ 4%	成本较低	需自备多种原料，易混合不均

4．如何选购饲料 首先要选择正规饲料厂生产的饲料产品。进场时对产品进行感官检查。观察色、香、味、颗粒大小等是否正常，重点观察有无发霉、潮湿、结块、异味及掺假等现象。购买维生素添加剂时，要特别注意保质期，应现买现用，贮存在干燥遮阴的地方，且温度不宜过高，保存期不宜超过6个月。

（二）专业户配制饲料的步骤

自配饲料步骤见表4-9。

表4-9 养殖户配制饲料的步骤

工作步骤	说　明
查阅和确定饲养标准	采用各品种饲养手册推荐的饲养标准，或选择农业部2004年颁布的《肉鸡饲养标准》。可根据情况适当调整
查阅经验配方	根据肉鸡品种和生长阶段及当地可采购的原料，查找一个近似配方，并初步确定原料的比例
计算和调整营养成分含量	从饲料营养成分表中查出拟定原料的各成分值，并与相对应的比例相乘，各原料的乘积相加即为总成分值。将得到的各成分值与营养标准值比较，接近即可。如果相差较大，就适当调整原料的比例。主要考虑代谢能、粗蛋白质、钙、磷、蛋氨酸、总含硫氨基酸和赖氨酸的含量
计算饲料价格	将各种原料的单价乘以各自的百分比，然后累加就得到配合饲料的总成本价
选购饲料原料	要求原料品质好，含水量不超标
饲料配制	严格按照配方中各原料的比例进行称量，然后充分搅拌，混合均匀

配方中蛋氨酸和赖氨酸不足部分由单项氨基酸添加剂补充。维生素和微量元素建议购买复合专用添加剂。自行配制预混料，需要准备的原料种类多，用量少，不易混合均匀，容易造成营养不良。

（三）原料的正确混合

　　原料搭配好后，混合均匀是关键。氨基酸等微量成分先与部分玉米粉预混，再投入大宗原料中混合。如果养鸡数量较多，可以购买一台粉碎机、一台小型混合机。粉碎机主要用于粉碎玉米、豆粕等。混合时先投入一半玉米和豆粕等大宗原料，再将维生素、微量元素、氨基酸等小宗原料投入进料口，最后再投入另一半大宗原料，混合 3 ～ 5 分钟。

　　如果手工拌料，先将小宗原料预混均匀，再与大宗原料混合。

（四）肉鸡饲料配方举例

1. 白羽肉仔鸡饲料配方　见表 4-10。

表 4-10　白羽肉仔鸡饲料配方(%)

饲料原料	0 ～ 4 周龄			5 周龄至上市		
	配方 1	配方 2	配方 3	配方 1	配方 2	配方 3
玉　米	58	64.0	64.0	67.0	65.0	62.0
豆　粕	27.5	22.0	25.0	24.0	16.0	21.0
菜籽粕	5.0	—	2.0	2.0	5.0	6.0
棉籽粕	4.0	—	2.0	—	5.0	5.0
花生粕	—	6.0	—	—	3.0	—
鱼　粉	2.0	5.0	4.0	3.0	2.0	1.0
石　粉	0.6	0.7	0.7	0.6	0.6	0.4
骨　粉	1.8	1.3	1.4	1.4	1.4	1.6
食　盐	0.35	0.3	0.3	0.3	0.3	0.3
预混料	0.5	0.5	0.5	0.5	0.5	0.5

续表 4-10

饲料原料	0~4 周龄			5 周龄至上市		
	配方 1	配方 2	配方 3	配方 1	配方 2	配方 3
赖氨酸	0.1	0.1	—	0.1	0.1	0.1
蛋氨酸	0.15	0.1	0.1	0.1	0.1	0.1
油脂	—	—	—	1.0	1.0	2.0

2. 黄羽肉鸡育雏期饲料配方　见表 4-11。

表 4-11　黄羽肉鸡育雏期饲料配方（%）

饲料原料	配方 1	配方 2	配方 3
玉　米	65.0	63.0	65.0
豆　粕	23.5	22	24.0
菜籽粕	2.0	2.0	2.0
棉籽粕	2.0	2.0	2.0
花生粕	2.0	5.5	3.2
鱼　粉	2.0	2.0	—
石　粉	1.2	1.2	1.2
骨　粉	1.5	1.5	1.8
食　盐	0.3	0.3	0.3
预混料	0.5	0.5	0.5

3. 黄羽肉鸡肥育期饲料配方　见表 4-12。

表 4-12　黄羽肉鸡肥育期饲料配方（%）

饲料原料	笼养、圈养肥育			放牧肥育		
	配方 1	配方 2	配方 3	配方 1	配方 2	配方 3
玉　米	65.5	66.0	6.0	60.0	61.0	67.0
麦　麸	—	—	—	7.0	5.0	2.5
细　糠	—	—	—	5.0	4.0	—
豆　粕	20.0	21.0	19.0	18.0	18.0	20.0
菜籽粕	4.0	2.5	2.0	—	—	—
棉籽粕	2.0	—	—			

续表 4-12

饲料原料	笼养、圈养肥育			放牧肥育		
	配方 1	配方 2	配方 3	配方 1	配方 2	配方 3
花生粕	4.0	6.0	7.0	6.0	6.0	7.0
油　脂	1.0	1.0	0.5	1.0	3.0	0.5
石　粉	1.2	1.2	1.2	1.2	1.2	1.2
骨　粉	1.0	1.0	1.0	1.0	1.0	1.0
食　盐	0.3	0.3	0.3	0.3	0.3	0.3
预混料	1.0	1.0	1.0	0.5	0.5	0.5

（五）粉碎机和混合机的选择

1. 选择合适的粉碎机

图 4-3　锤片式粉碎机

首先，要求粉碎机通用性好，在粉碎不同原料时，粉碎质量不降低；其次，要求使用、维修方便，粉碎粒度均匀，粉尘少，噪声低，进、出料方便。一般选择锤片式粉碎机，造价低，占地少（图4-3）。

2. 选择合适的混合机　要求混合机结构简单坚固，方便操作和取样、清理，残留少。常用的立式混合机，造价低，占地少，适合小型饲料厂使用（图4-4）。

图 4-4　小型立式混合机

（六）饲料保存

自配饲料现配现喂，一般保存时间不超过 1 周。存放于阴凉、干燥、通风的饲料间。饲料码放于木架上，设醒目的标志，取用时先陈后新(图 4-5)。

图 4-5　饲料保存

第五章　肉鸡饲养管理

一、饲养方式

肉鸡饲养方式通常有地面平养、网上平养、笼养和散养 4 种。

(一)地面平养

在我国，肉鸡的饲养方式，最普遍的是采用厚垫料－地面平养法(图 5-1)。方法是：在鸡舍地面上铺设一层 10 厘米左右的厚垫料，肉鸡长大出栏后，一次性将粪便和垫料清除，中间不再更换。随着鸡日龄的增加，垫料被践踏，厚度降低，粪便增多，需不断地添加新垫料，一般在雏鸡 2～3 周龄后，每隔 3～5 天添加 1 次，使垫料厚度达到 15～20 厘米。对因粪便多而结块

图 5-1　地面平养

的垫料，要及时用耙子翻松。常用的垫料有稻壳、木屑、刨花、谷壳、干杂草、稻草等。

厚垫料饲养的优点是：垫料与粪便发酵产生热量，可增加舍温；垫料中微生物的活动可以产生维生素 B_{12}，肉鸡活动时扒翻垫料，从中摄取；设备简单，节省劳力，肉鸡残次品少。缺点是：

肉鸡与粪便直接接触，球虫病难以控制，药品和垫料费用高，占地面积大，劳动强度大。

(二) 网上平养

网上平养是在离地面 60 厘米高处搭设网架(可用金属、竹木材料搭建)，架上再铺设金属、塑料或竹木制成的网、栅片，鸡群在网、栅片上生活，鸡粪通过网眼或栅条间隙落到地面，堆积一个饲养周期，在鸡群出栏后一次清除(图5-2)。

图 5-2　网上平养

网上平养鸡与粪便不接触，降低了球虫、白痢、大肠杆菌病的发病机会，减少了药费开支，提高了饲料转化率。但是这种方式不太适合肉鸡后期的饲养，只适用于 1.5 ~ 2.5 千克就出售的肉鸡。由于垫网比较硬，如果肉鸡体重长到 2.5 千克以上，腿病和胸部囊肿的发生率就比较高。另外，这种饲养方式要求使用较多的料桶和饮水器，以便鸡稍走几步就能饮水和采食，否则肉鸡可能因为在网上行动不便而减少采食量，导致肉鸡骨架与地面平养一样大，但最后体重可能小于地面平养。

(三) 笼　养

笼养肉鸡近年来越来越广泛地得到应用(图5-3)。鸡笼的规格很多，大体可分为重叠式和阶梯式 2 种，层数有 3 层、4 层。有些养鸡户采用自制鸡笼。笼养与平养相比，单位面积饲养量可增加 1 倍左右，有效地提高了鸡舍利用率；由于鸡限制在笼内活动，采食量及争食现象减少，发育整齐，增重良好，育雏率高，可提高饲料转化率 5% ～ 10%，降低总成本 3% ～ 7%；鸡体与粪便不接触，可有效地控制白痢和球虫病蔓延；不需垫料，减少垫料开支，减少舍内粉尘；转群和出栏时，抓鸡方便，鸡舍易于清扫。过去，肉鸡笼养存在的主要缺点是胸囊肿和腿病的发生率高。近年来，改用弹性塑料网代替金属底网，大大减少了胸囊肿和腿病的发生。用竹片作底网，效果也较好。

图 5-3　肉鸡笼养

（四）散养和放养

黄羽肉鸡分为快速、中速和慢速型，后两者尤其是慢速型往往在 6 周龄左右开始采用放养模式。即让鸡群在自然环境中活动、觅食、人工饲喂，夜间鸡群回鸡舍栖息的饲养方式。该方式一般是将鸡舍建在远离村庄的山丘或果园之中，鸡群能够自由活动、觅食，得到阳光照射和沙浴等，可采食虫、草和沙砾、泥土中的微量元素等，有利于优质肉鸡的生长发育，鸡群活泼健康，肉质特别好，外观紧凑，羽毛光泽，不易发生啄癖。现代放养模式应该是"鸡舍＋运动场"，过去传统的完全散养方式存在饲料消耗大、难管理、浪费土地资源等弊端，仅适合于农村少量数只鸡的饲养。也就是说，散养也需要鸡舍或简易鸡棚，便于夜晚栖息、吃料和遮风挡雨。尤其北方散养鸡一定要建造正规鸡舍,便于冬季保温,否则生长速度缓慢,生产成本很高。

现代放养配置规范化鸡舍,每栋 2 000 只左右,饲养密度在每平方米 10 只左右。鸡舍安装有喂料、饮水、控温和加光等装置,可地面平养或网上平养,有门窗包括地窗,便于鸡只出入鸡舍。

鸡舍周围的运动场的面积为鸡舍面积的 2 ～ 3 倍,过高则造成浪费(图 5-4)。

图 5-4　肉鸡散养及鸡舍

夏季天亮后即可将鸡从鸡舍放到运动场,冬季则需等气温稍高再将鸡放出鸡舍。气温过低则不宜让鸡在外面活动,否则额外消耗能量。冬季有阳光的日子里,可上午 9 时放鸡出来活动。

正规放养鸡仍然需要饲喂正规全价配合饲料,"只喂原粮"的做法既不经济,也不科学。喂料器采用料桶或料槽,设在鸡舍内,与吊桶式饮水器或乳头式水线相邻。每天喂 3 ～ 4 次。

放养鸡一般免疫程序同非放养,但放养鸡患寄生虫病风险更高,因此应定期驱虫,但注意出栏前 1 周务必停止用药,防止药物残留。放养鸡更容易受飞鸟影响,因而要加强禽流感等传染病的预防。

放养鸡还易受鼠害、兽害和鸟害影响,如黄鼠狼和老鹰的侵害，可以采用当地传统方法进行防止。

二、日常管理

根据优质肉鸡的生长发育规律及饲养管理特点，大致可划分为育雏期(0～5周龄)、生长期(6～8周龄)和肥育期(9周龄后或出栏前2周)。但在实际饲养过程中，饲养阶段的划分又受到鸡品种和气候条件等因素的影响。例如，在寒冷的季节，育雏期往往延长至7周龄后，优质肉鸡羽毛生长得比较丰满，抗寒能力较强时才脱温，而气候温暖时，育雏期可提前到4周龄，甚至更短的时间。养鸡户应根据实际情况灵活掌握。

（一）育雏管理

1. 育雏舍消毒　首先将饲饮用具和笼具移出舍外、浸泡冲洗、暴晒。然后彻底清扫育雏舍，将鸡粪、污物、蛛网等铲除、清扫干净。屋顶、墙壁、地面用水反复冲洗，待干燥后，喷洒消毒药和杀虫剂，烟道消毒(可用3%克辽林溶液)后，再用10%生石灰乳刷白，有条件时可用酒精喷灯对墙缝及角落进行火焰消毒。

密封性能较好的育雏舍，在进鸡前3～5天用40%甲醛溶液进行熏蒸消毒。熏蒸前，窗户、门缝要密封好，堵住通风口。洗刷干净的育雏用具、饮水器、料槽(桶)等全部放进育雏舍一起熏蒸消毒。

熏蒸的方法是保持舍内温度15℃～25℃，空气相对湿度70%～90%。按每立方米空间用40%甲醛30毫升、高锰酸钾15克的比例，先将高锰酸钾放入非金属容器(如瓦钵、搪瓷容器)内，然后倒入40%甲醛溶液，操作人员迅速离开，将门窗关闭好。操作人员要戴口罩和穿防护衣服。熏蒸24～48小时后打开门窗，排除舍内剩余的甲醛气体。

2. 进雏前准备　鸡舍在雏鸡到达前开始给温，使舍温达到 27℃ ~ 29℃，保温伞温度调至 33℃ ~ 35℃，并保持恒温，雏鸡入舍后，先连同雏鸡盒摆在雏鸡舍预温(图 5-5)，然后分放。

图 5-5　雏鸡进鸡舍后先预温

饮水器放置在热源旁边，在饮水中添加 5% 葡萄糖或适量电解多维。应在雏鸡入舍前半天将饮水器内加好水，使雏鸡入舍后可饮到与舍温相同的温水，也可将水烧沸后晾至舍温，避免雏鸡直接饮用凉水导致腹泻。

初生雏鸡的选择：雏鸡活泼好动，反应灵敏，叫声响亮；脐部愈合良好；腹部柔软，卵黄吸收良好，肛门周围无污物黏附；喙、眼、腿、爪等无畸形；体重大小适中且均匀，符合品种标准(图 5-6)。

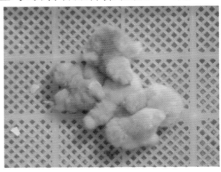

图 5-6　健雏与弱雏

根据养鸡数量准备好饲料以及常用疫苗，如传染性法氏囊炎疫苗、鸡新城疫疫苗、传染性支气管炎疫苗等。同时，准备常用抗细菌药物和消毒药，如过氧乙酸、碘伏、烧碱、新洁尔灭、百毒杀等。

3. 雏鸡饮水和开食 雏鸡被运到育雏舍后，稍加休息就应及时让其饮水，特别是在长途运输后，适时饮水可补充雏鸡生理所需水分。饮水最好在雏鸡出壳后 12 ～ 24 小时进行，最长不超过 36 小时，且在开食前进行(图 5-7)。饮水温度应接近舍温，保持在 20℃ 左右，最好在饮水中加入适量青霉素(2 000 单位／只)、维生素 C(0.2 毫克／只)和 5% ～ 8% 葡萄糖或白糖。最初几天还可以在饮水中加入 0.01% 高锰酸钾，可消毒饮水、清洁胃肠和促进胎粪排出，有助于增加雏鸡体质，提高雏鸡成活率。

肉用仔鸡初生雏的第一次给料叫"开食"，适时开食有助于雏鸡体内卵黄充分吸收和胎粪的排出，对雏鸡早期生长有利。开食在饮水后或同时进行。在开食时，5 日龄前的雏鸡可将饲料撒布在背景深色的厚纸或塑料布上，也可放在浅盘中，并增加照明，以诱导雏鸡自由啄食。5 日龄后可改用料槽饲喂，并随着鸡的生长，保持槽边高度与鸡背平齐，使每只鸡有 2 ～ 4 厘米长的槽位。雏鸡开食可直接用全价料，少给勤添，任鸡自由采食(图 5-8)。

图 5-7　雏鸡饮水

图 5-8　雏鸡开食

（二）温度管理

鸡舍温度很关键，1日龄舍内最适温度为35℃，以后每天降低0.5℃，4周后保持21℃，以后一直保持恒温。温度应平稳过渡。可在鸡舍不同的位置挂上温度计，每天察看不同时间段的温度并记录，便于及时掌握温度。育雏期适宜温度见表5-1。

表5-1 育雏期适宜温度

周　龄	育雏器温度（℃）	舍内温度（℃）
1～2天	35	24
1周	35～32	24
2周	32～29	24～21
3周	29～27	21～18
4周	26～24	18～16
4周以后	23～20	16

注：表中所列育雏器温度是离底网5～10厘米高处的温度，在育雏舍内这样高的位置上至少应挂1个温度计。

1. 保温设施

（1）保温伞 其形状如伞状，热能集中在伞下及其周围，鸡群在伞下及周围活动。按其利用的能源，有电力、煤气保温伞等几种。其特点是使用方便、清洁，但成本高，保温范围小（图5-9）。

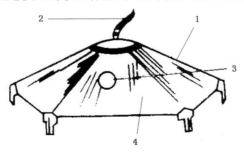

图5-9 保温伞
1.保温伞脊 2.电线 3.温度调节旋钮 4.保温伞

（2）红外线灯　是一种结构特殊的灯泡，其产生的红外线可提高舍内环境温度，并通过调整离地面的高度来控制灯泡下的温度。红外线灯育雏的优点是保温范围较大，温度较均匀，使用方便，投资少；缺点是耗电成本高，灯泡使用寿命也较短（图5-10）。

图5-10　红外线灯加热

（3）地下炕道　一般在鸡舍外侧设置火炉，连接舍内的地下炕道，火炉燃烧产生的热量通过炕道使育雏舍地面和舍内温度升高，并通过炉火的增减调节舍温。这种方法成本较低，舍内温度均匀，保温效果较好，但管理不方便。

（4）煤炉管道　将燃烧煤所产生的热量收集，通过育雏舍内的铁皮管道散热提高舍内温度（图5-11）。供暖简单易行，但添煤出灰比较繁琐，散热不够均匀，温度不易控制，需防止煤气中毒。

（5）热风炉　主要由热风炉、轴流风机、有孔热风管、调节风门等组成（图5-12）。热风炉是供暖设备系统的主体设备，它是以空气为介质、以煤为燃料的手动式固定火床炉，它向供暖空间提供洁净热空气。该设备结构简单，热效率高，送热快，成本低。

另外，还有地热加温（图5-13）。

2. 育雏温度　育雏温度非常重要，育雏期间温度必须适宜和平稳均匀，温度随雏鸡的增长逐渐降低。

图 5-11　煤炉加温

图 5-12　热风炉加温

图 5-13　地热加温（来自河南大用集团）

　　第一周肉用雏鸡要求的育雏温度为33℃～35℃，以后每周根据雏鸡生长发育，气温变化降低2℃～3℃。衡量育雏温度是否合适，除了观察温度计外，更主要的是观察鸡群精神状态和活动表现。温度适宜时，雏鸡在育雏舍分布均匀，活泼好动，食欲良好；当温度过高时，雏鸡远离热源，张口喘气，饮水量增加，食欲下降；温度过低时，雏鸡互相拥挤、扎堆，靠近热源，并不断发出"唧唧"叫声，采食减少(图5-14)。

　　脱温就是育雏舍停止加温，又称离温。肉用雏鸡的具体离温时间，各地应根据育雏季节、雏鸡健康状况及外界气温变化灵活掌握。一般早春、晚秋、冬季育雏可在4～6周龄脱温；晚春、初夏及早秋育雏，可在 3～4 周龄脱温；夏季育雏，只需早、晚加温几次就行了。脱温时，要有个过渡时间，可先白天不加温，晚上加温；晴天不加温，阴天、变天时加温。要逐步减少每天的加温次数，最后达到完全脱温。一般脱温过渡期为 1 周左右。体质差的鸡群或防疫期间，应延迟脱温。脱温期间，饲养人员夜间要经常注意检查、观察鸡群，保证安全脱温。脱温后，舍温最好保持在 20℃～25℃，这样饲料转化率可以大大提高。

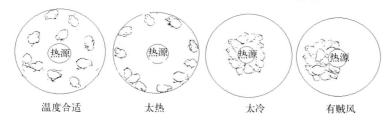

图 5-14　适宜温度下鸡群均匀分布

3. 降温措施　鸡没有汗腺不耐高温，如果没有较好的防暑降温设施，肉鸡不仅生长缓慢，还可能中暑死亡。科学饲养、合理降温，在炎热季节会提高肉鸡生产效益。

（1）**通过房顶降温**　增加鸡舍房顶厚度，或者对房顶喷水可降低舍内温度(图 5-15)。

（2）**增加通风量**　自然通风的开放式鸡舍应将门窗及通风孔全部打开，一般的商品鸡饲养场

图 5-15　夏季房顶喷水降温

可采用电风扇吹风，使鸡的体温尤其是头部温度下降；密闭式鸡舍一般采取纵向通风，即负压通风(图 5-16)，夏天炎热季节要开动全部风机昼夜运转(图 5-17)。

图说高效养肉鸡关键技术

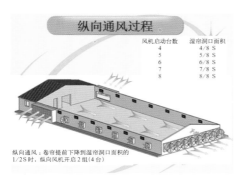

图 5-16　纵向通风

图 5-17　夏季加大通风量

（3）**湿帘降温法**　采取负压通风的鸡舍，在进气口安装湿帘，降低进入鸡舍的空气温度，可使舍温下降 6℃ ～ 8℃（图 5-18）。

（4）**喷雾降温法**　在鸡舍或鸡笼顶部安装喷雾器械，直接对鸡体进行喷雾。北方夏季高温期短，鸡场一般不安装降温系统，遇到短期高温，可在使用排风扇的同时，利用背负式喷雾器或高压水枪喷洒房顶和墙壁进行降温（图 5-19）。

图 5-18　湿帘降温

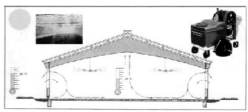

图 5-19　喷雾与通风配合降温

（5）**供给卫生、清凉的饮水**　夏季的饮水要保持清洁卫生非常重要，以防止肠道细菌感染；同时，要保持饮水清凉，以减轻鸡体的散热负担，水温以 15℃ ～ 30℃ 为宜。

（6）**调整日粮结构**　适当减少日粮高能饲料，饲料中加入抗热应激的添加剂。适当降低日粮中的油脂和氨基酸含量，减少肉鸡体热的产生。在日粮中添加 0.2% 碳酸氢钠(小苏打)和 0.02% 维生素 C，以便更好地防暑降温。

（三）湿度管理

湿度控制在肉鸡饲养过程中是一个容易被忽略的问题，这个环节如果控制不当，很容易造成鸡只脱水、生长不良等。鸡舍湿度高容易造成细菌、虫卵滋生；鸡舍湿度低空气干燥，容易感染呼吸道疾病。进行湿度测量时可采用温湿度计一体的仪器，也可单独使用湿度计，最好在鸡舍内部不同位置放置多个湿度计，每天察看不同时间段内的湿度，便于及时掌握鸡舍内的情况(图5-20)。

适宜空气相对湿度：1 ~ 10 日龄为 65% ~ 70%，11 ~ 30 日龄为 60% ~ 65%，31 日龄至出栏为 55% ~ 65%；如果湿度适宜，人进入鸡舍会有一种湿热感，长时间在鸡舍中，人不会感到鼻干口燥；鸡的胫、趾润泽细嫩，羽毛柔顺光滑，鸡群活动时不易扬起灰尘。另外，养殖后期由于粪便清理不及时、鸡群呼吸等因素容易出现低温高湿的环境，因此养殖后期应注意通风、加温、清理粪便(图5-21)、更换垫料等。

图 5-20　使用温湿度计监测湿度

图 5-21　及时清粪降低鸡舍湿度

（四）饲养密度

"密度"的完整概念应包含3方面的内容：每平方米面积养多少只鸡；每只鸡占有多少料槽位置；每只鸡饮水位置够不够。饲养密度对鸡的生长发育有着直接影响。密度过大，舍内空气质量差，卫生环境不好，采食拥挤，饥饱不均，易造成鸡生长发育缓慢，整齐度差，易发生啄癖，死亡率增加；密度过小，虽然鸡的生长发育较好，但不易保温，造成人力、物力浪费，使饲养成本增高。因此，要根据鸡舍的结构、通风条件等具体情况确定合理的饲养密度，见图5-22和表5-2。

 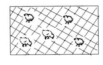 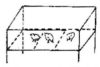

地面平养：20只／米² 网上平养：24只／米² 笼养：60～34只／米²

图5-22 不同饲养方式适宜饲养密度

表5-2 饲养密度、饮水和采食空间

日　龄（天）			慢速型	0～30	31～60	61～120
			快速型	0～20	21～35	35～60
饲养密度	笼　养	只／米²		35	26	15
	网上平养	只／米²		25	18	12
	地面平养	只／米²		20	15	10
饮水空间	饮水器	笼　养	个／只	30	25	
		平　养	个／只	50	40	25
	水　槽	笼　养	厘米／只	1.6	2.8	5.0
		平　养	厘米／只	1.4	2.0	3.0
	乳头饮水器	笼　养	个／只	16	12	4
		平　养	个／只	20	15	8
采食空间	料　槽	笼　养	厘米／只	2.5	4.5	10
		平　养	厘米／只	4	6	8
	料　桶	平　养	个／只	40	30	20

（五）饮　水

水是鸡体的重要组成部分，也是鸡生理活动不可缺少的重要物质，鸡缺水比缺少饲料危害更大。通常肉鸡的饮水量为采食量的 2 倍，一般以自由饮水 24 小时不断水为宜。为使所有鸡只都能充分饮水，饮水器的数量要足够且分布均匀，不可把饮水器放在角落里，要使鸡只在 1 ~ 2 米的活动范围内便能饮到水。饮水设备见图 5-23。

水质的清洁卫生对鸡的健康很重要。应供给洁净、无色、无异味、不浑浊、无污染的饮水，通常使用自来水或井水。每天加水时，应彻底清洗饮水器。

图 5-23　雏鸡饮水设备

（六）通　风

鸡舍通风量一般应根据舍内温度、湿度和有害气体浓度等因素综合确定，也可根据自己的嗅觉和感官来掌握舍内通风量。如进舍时嗅到氨味较浓、有轻微刺眼或流泪时，表明舍内氨气浓度已经超过允许范围，应马上采取措施，如加大通风量或更换垫草等（图 5-24）。

1 ~ 3 日龄以保温为主，适当通风换气，氨气浓度小于 10 毫克／升，无烟雾粉尘，4 周龄至出栏前以通风换气为主，保持适宜的温度，氨气浓度小于 20 毫克／升。

图 5-24　根据温度调整风机开启程度

　　冬季鸡舍保温与通风应相结合。冬季气候寒冷，舍内需要的温度与外界气温相差悬殊，在保持鸡舍适宜温度的同时，良好的通风极为重要。通风换气时，严防由于温差过大造成应激反应引起疾病，通风口以高于鸡背上方 5 米以上为宜。

　　寒冷季节鸡舍应以正确的方式通风换气，以最小的通风量提供给鸡群新鲜空气。排出鸡舍内的氨气、二氧化碳和湿气。在通风的同时要避免贼风，造成鸡群发病(图 5-25)。

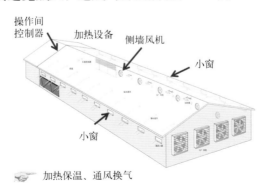

图 5-25　冬季横向通风

（七）光　照

光照是肉鸡生产中非常重要的管理技术，光照分自然光和人工光照2种。自然光照就是依靠太阳直射或散射光通过鸡舍的门窗等照进鸡舍；人工光照则是根据需要，以电灯光源进行人工补光(图5-26)。光照管理主要包括3个方面：光源、光照节律和光照强度。

图 5-26　人工补充光照

1.**光　源**　近年来，节能灯使用较广泛，其中LED灯优点是节能，使用寿命长，可达10万小时以上，能耗仅为白炽灯的1/10，节能灯的1/4。

2.**光照时间和节律**　白羽肉鸡：建议采取20小时或者先减后加光照程序，即1～3日龄为24小时，4～7日龄为23小时，以后均为18～20小时连续光照，前期生长过快的品种如科宝500，8～17日龄可限制光照时间为9～12小时，目的是预防肉鸡猝死综合征及腹水症，18日龄开始增加到16小时，以后每周增加2小时，直到第六周为23小时。

黄羽肉鸡：分快、中、慢速型，前7天光照时间与白羽肉鸡一样，以后快速型和中速型建议采用每天光照 16～18 小时，有利于鸡健康。慢速型考虑到早熟和鸡肉沉积脂肪增加风味，可采取先减后加的光照制度，以促进性腺发育。第 2～8 周光照时间可为 8～12 小时，第九周开始每周增加 1 小时，至出栏为 18 小时左右。白天采用自然光照的鸡舍，则可以在夜间补充 1～2 小时光照即可。

3．光照强度　肉鸡 7 日龄以内 10～20 勒，以后 5 勒即可。生产实践中光照强度设置为 5～10 勒为宜。光照强度太弱，肉鸡的活动量减少，增加患腿病的风险；光照太强，使肉鸡烦躁不安，不利于生长发育。光照制度见表 5-3。

表 5-3　不同的光照制度

光照方案	日　龄	光照强度（勒）	光照时间（小时／天）
方案 1	1～2	20	23
	2～上市	5	23
方案 2	1～3	20	23
	3～10	5	8
	10～15	5	12
	15～21	5	16
	21～35	5	18
	35～42	5	23
方案 3	1～3	20	23
	3～上市	5	16
方案 4	1～3	20	23
	3～10	20	18
	10～15	5	8
	15～21	5	12
	21～28	5	16
	28～42	5	18

引自 Karen schwean-Lardner and Hank Classen，2010

4.光照注意事项 在生产中无论采用哪种光源，光照强度都不要太大，使用 2～3 瓦 LED 灯或 5 瓦普通节能灯即可，使光源在舍内均匀分布，一般光源间距为其高度的 1～5 倍，不同列灯泡采用梅花状分布。使用灯罩比无灯罩的光照强度增加约45%。由于灯泡和灯罩易黏附灰尘和小昆虫，需要经常擦拭，经常检查、更换灯泡以保持足够亮度。

（八）加强垫料管理

控制垫料厚度，一般要求垫料厚度保持在 3 厘米左右；经常清除潮湿结块垫料，特别是饮水器周围的垫料，及时更换发臭发霉的垫料；控制垫料湿度，尽量保持垫料干爽、清洁。垫料也不宜过干，否则灰尘大，易引起鸡群肺炎、支气管炎等呼吸道疾病。最好用 50% 稻壳 +50% 木屑作垫料，既吸湿又透气（图 5-27）。

图 5-27 垫料松软干燥

（九）随时观察鸡群

早晨开灯后饲养员需观察鸡群的精神状态、采食情况、粪便情况。喂料时和喂料后随时注意观察（图 5-28）。如发现精神委顿、羽毛不整、冠脚干瘪、粪便异常（发绿、稀白或带血），说明已经患病，应及时淘汰。

图 5-28 观察鸡群饮水及粪便情况

夜间关灯后,饲养员要仔细倾听鸡只的动静,当发现有咳嗽、打呼噜、甩鼻和打喷嚏者应及时挑出进行隔离或淘汰,防止扩大感染和蔓延。

观察鸡有无啄癖,一旦发现要及时挑出,并检查通风是否良好、光照是否过强、饲料营养是否达标,排除引发啄癖的诱因。

体重过大、过小、瘫、瘸腿鸡应及时淘汰。

(十)减少应激

鸡舍喂料、清粪、打扫卫生和日常消毒等操作动作要轻;工作服颜色不能鲜艳;饲养员要固定,并经常注意鸡群的环境变化,使光照、温度、通风、供水、供料、捡蛋等符合要求并力求合理和相对稳定。根据生产情况需要调整饲料时,要注意不能突然改变,应有 1 周的过渡时间(图 5-29)。

图 5-29 清扫鸡舍要轻缓

（十一）做好生产记录

做好肉鸡生产档案记录对于总结生产经验、提高养鸡效益，有着至关重要的作用。生产记录内容包括：引种、饲料、兽药、免疫、发病和治疗情况、饲养日志等。鸡场所有记录资料应在清群后保存 2 年以上。

肉鸡生产记录内容见表 5-4。

表 5-4 肉鸡生产记录表

记录项目	记录内容
引种记录	种雏品种、孵化厂名、引进时间、疫病检疫、免疫接种、经办人等
肉鸡饲料	饲料品种、生产日期、批次、生产负责人、采样人等（每批次留样品标签所包含的内容）
兽药记录	名称、规格、数量、生产单位、批准文号、生产批号、主要成分及含量、作用与用途
免疫程序记录	疫苗种类、使用方法、剂量、批号、生产单位、免疫时间等
患病记录	发病时间、症状、用药方法、用药剂量、治疗时间、疗程等
饲养日志记录	鸡舍温度与湿度、水和饲料消耗量、生产性能、发病情况、存栏数、死亡数、淘汰数等

饲养日志见表 5-5。

表 5-5 饲养日志记录

品种（系）：		饲养员：			记录员：		技术员：	
日期	日龄	当日初存栏（只）	死亡（只）	淘汰（只）	出售（只）	喂料量	温度（℃）	空气相对湿度（%）	光照情况	免疫、用药记录	其他
		公鸡 / 母鸡	公鸡 / 母鸡	公鸡 / 母鸡	公鸡 / 母鸡	千克	最高 / 最低		开灯时间 / 关灯时间		

管理人员必须经常检查鸡群的实际生产记录，并与该品系鸡的性能指标相比较，找出不足，纠正和解决饲养管理中存在的问题。

（十二）全进全出饲养制度

现代养鸡生产几乎都采用全进全出的饲养制度。所谓全进全出制度是指同一栋鸡舍在同一时间里只饲养同一日龄的鸡，又在同一天出场。这种饲养制度简单易行，优点很多。在饲养期内管理方便，易于控制适当的温度，便于机械作业。肉鸡出场以后便于彻底打扫、清洗、药液消毒，再熏蒸消毒后，空舍 1～2 周，然后再开始下一批鸡的饲养，这样可保持鸡舍的卫生与鸡群的健康，切断病原的循环感染。大型鸡场采用机械传送带出鸡，更容易实现全进全出（图5-30）。

图 5-30　传送带出鸡

三、饲养管理技术

（一）体重及饲喂量控制

现代选育技术和饲养水平的提高，使肉鸡的生长速度越来越快。但是肉鸡代谢水平和生理功能并没有随着生长速度的加快和体型的增大而得到加强，通常与生长速度之间失去了平衡。这引起了一系列问题：肉仔鸡脂肪沉积增加，免疫力下降，死亡率增加，代谢病和骨骼疾病增多。

限饲在一定程度上控制了早期体重，避免了腿、脚受力过大，内脏器官负担过重，从而使鸡体各器官和骨骼发育良好，为饲养后期快速增重打下了良好的基础。限饲是通过控制采食量或营养物质的浓度等途径，人为地从数量和质量上调控动物营养素摄入量的一种饲喂技术。科学的限饲方法能有效地控制体重，提高均匀度。

1. 限饲方法 主要有限质法、限量法两种。

（1）限质法 采用高纤维、低能量、低蛋白质的饲料，不限制饲喂量，达到限制生长、控制体重的目的。在肉用种鸡的实际应用中，同时限制日粮中的能量和蛋白质的供应量，而其他的营养成分，如维生素、常量元素和微量元素则应充分供给，以满足鸡体生长和各种器官发育的需要。

（2）限量法 限量法可通过人工控制采食量和控制饲喂时间来实现。人工控制采食量是最常用、最简单的早期限饲方法，其缺点是需要不断称量饲料，另外很容易导致供给饲料的分配不均，造成鸡群体重变异大。控制饲喂时间指在饲喂平衡日粮和不限制饲料中营养成分含量的情况下，通过控制采食时间来达到限制动物采食的一种方法。

2. 限制饲养形式 有每日限饲、隔日限饲、每周限饲3种方法。

（1）每日限饲 限制每天喂给的采食量，将规定的1天饲料量在早上1次投给。

（2）隔日限饲 一天饲喂，一天停喂，将限定的2天饲料量放在一起，在喂料日喂给。

（3）每周限饲 每周喂5天，停喂2天，星期日和星期三不喂，或喂4天停喂3天。此法适于体重没有达到标准或应激较大的鸡群，即把7天料量平均分配到5天饲喂。

（二）提高鸡群均匀度

均匀度是指鸡群生长发育的整齐度，是衡量鸡群生长状况的重要指标。均匀度的表示方法为体重在群体平均体重 ±10% 的鸡只数占全群鸡只数的百分比。均匀度达 80% 以上为理想。均匀度的高低，不但直接影响着生产成绩，而且更直接影响着养鸡户的经济效益。

提高肉鸡均匀度的措施如下。

1. 认真做好育雏期的饲养管理　肉鸡的不均匀性在雏鸡放置到育雏器中的几个小时内就开始了。为了使雏鸡能正常生长发育，创造最适宜的环境条件，必须做好各项育雏工作。特别注意防止早期脱水，提供充足的氧气，提供较大的、适口性较好且易啄的饲料颗粒，尤其是碎玉米。

2. 合理的饲养密度　密度过大，活动受限，鸡只采食、饮水受到影响，往往导致鸡群均匀度变差。一般地面平养 0～4 周龄每平方米 20～25 只，5 周龄以后 10～12 只；网上平养可比地面平养增加 50%，笼养可增加 1 倍。

3. 定期称重　即每周随机抽取 50 只公鸡或母鸡，按个体称重，计算均匀度，达不到 80% 则需要分群饲养，把体重过小的鸡挑出来单独分群饲喂(图 5-31)。

图 5-31　定期抽查称重

4. **注意观察** 加强肉鸡饲养管理和疾病防治工作，经常观察鸡群，搞好记录。现代养鸡经验表明，每100只鸡悬挂8个喂料器才能获得整齐的均匀度，保证鸡只安全足量的饮水。

5. **确保饲料质量** 现代肉鸡生长速度较快，机体代谢旺盛，为了满足其生长发育需要，要求肉鸡日粮营养丰富、均衡且适口性好、易消化。

（三）节省饲料的方法

随着饲料成本的提高，养鸡户都期望通过节省饲料来提高经济效益，特别是放养的肉鸡，容易造成饲料浪费。以下措施可以防止饲料浪费，提高经济效益。

1. **科学选择料槽或料桶，合理控制饲喂量** 在饲喂过程中应把料槽或料桶固定好，高度以大致和鸡背高度一致为宜，并且要多放几个料槽或料桶（图5-32）。每次加料量不要过多，加到料槽或料桶容量的1/3即可，以鸡40分钟吃完为宜。

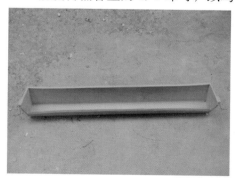

图5-32 料槽、料桶

2. **科学配料、降低饲料成本** 利用本地饲料资源，在保证饲养标准不变的前提下选用廉价原料，可有效降低饲料成本。例如，可用饼粕类原料代替部分鱼粉或用芝麻饼、花生粕、菜籽粕代替部分豆粕等。

3. **及时淘汰不符合标准的鸡**　不符合标准的鸡是指病、弱、残及低产或停产的母鸡，除此之外，还要及时淘汰多余的公鸡。

4. **科学保管饲料**　存放饲料及原料的库房应干燥、通风，防止饲料发霉变质。购进原料时应根据生产需要多次少量购进，尽量减少原料贮存的时间，以防止发生霉变。另外，还要防止鼠害、鸟害，减少不必要的浪费。

5. **保持适宜的舍温**　鸡舍内维持适宜的温度，可减少饲料消耗量。因为鸡舍内温度过低时，鸡需要消耗多一些饲料来维持体温恒定。所以，冬季应将鸡舍通风口密闭。

6. **断喙、驱虫**　采取及时断喙、定期驱虫等措施也可有效减少饲料浪费。

四、黄羽肉鸡的管理要点

(一)断　喙

笼养和平养的公鸡和母鸡饲养周期超过120天的都可以在7～10日龄期间进行断喙。散养肉鸡为了便于啄食地面草叶和虫子，不断喙。

断喙前需检查鸡群的健康状况，鸡群生病时不能断喙。为了减少应激，对于育雏情况不理想的鸡群，应推迟断喙时间。断喙前在饮水中添加维生素K_3和复合电解多维；不要在免疫后1周内断喙。

断喙方法要正确：将雏鸡抓在手中，以拇指顶住其头后部，拇指稍用力，固定鸡的头部。选择适当的孔径，在离鼻孔2毫米处切掉部分喙。断喙应该使用专门的断喙器，断喙器的刀片加热至呈暗红色时即可使用。上喙切1/3，下喙切1/2 (图5-33)。

切后在灼热的刀片上停留 3 秒钟，以止血。断喙后确保雏鸡能够自由饮水，料槽或料桶中饲料要足够厚，以免鸡喙啄到料槽底部受伤。

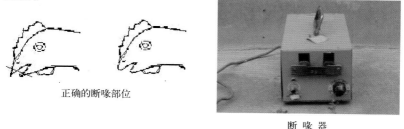

正确的断喙部位

断 喙 器

图 5-33　肉鸡断喙方法

鸡群在 6 周龄前后需要检查喙部生长情况，对喙部不整齐或上喙重新长尖的鸡只需要修整。生产中断喙处理不好的鸡群经常出现互相啄死、啄伤的现象。

（二）阉鸡及其饲喂技术

黄羽肉鸡的公鸡性成熟早，由于性成熟引起追逐母鸡、争斗等，使肥度和肉质下降，影响经济效益。而去势后的阉鸡肥育性能提高，肉质嫩滑，体重增加。去势方法有药物法和阉割法。药物去势方法多使用激素，而残留药物会影响人体健康，目前仍多采用阉割法。因睾丸附近血管丰富，睾丸的再生能力强，故手术必须彻底。

1.阉割注意事项

（1）**适时阉割**　公鸡日龄的大小往往会影响阉鸡的成活率和难易程度。过迟、过大去势，使鸡的出血量增多，死亡率高；过早去势，由于睾丸太小，难于将睾丸摘除，造成睾丸组织再生，去势不完全。一般以睾丸发育到花生粒大小，在黄羽肉鸡50 ~ 70 日龄，开始啼鸣 15 ~ 30 天，体重约 2 千克，鸡冠红润，冠的高度达 2 厘米左右时进行阉割较合适。

(2) 适宜的气候　公鸡阉割后因流血及有伤口，使其抵抗力显著下降。在恶劣的气候条件下(如下雨、潮湿、寒冷)很容易患病和伤口感染，使死亡率增加。故阉割应选择晴朗、温暖的天气进行。

(3) 选择鸡只　供阉割的鸡必须健康、无残次，瘦弱和带病鸡只不能阉割。此外，应注意阉割的工具必须消毒，以免工具带病菌而感染。

(4) 护理　阉割前应停料 18 小时，以免肠管增大，充盈腹腔内，影响手术进行，但要保证饮水。

做好阉割前后的药物保健。为了减少公鸡在手术时的流血，在阉割前、后 1 周，每千克饲料中可添加有止血作用的维生素 K 2 ～ 4 毫克。手术后，为了减少伤口的感染，最好在手术后 3 天每天注射 1 次抗生素，如青霉素、链霉素等。

(5) 阉割后的饲养管理　阉割前不同栏的公鸡，手术后不能合栏，否则会引起斗殴，致使伤口流血，难于愈合，甚至引起死亡。

阉割后的温度管理至关重要，冬季做好保温与通风，夏季做好防暑降温，鸡舍温度以 22℃ ～ 25℃ 为宜，以利于伤口的快速愈合，减少因应激带来的影响。

阉割后要保证鸡群充分安静与休息，最大限度地减少各类应激，其他扩栏、接种疫苗等工作在 1 周后进行。放养视天气来定，以免影响伤口的愈合；勤观察阉割后的鸡群健康状况，加强饲养管理。

2.阉割方法

(1) 手术阉割法

①适宜时期　一般小公鸡在 45 ～ 60 日龄，体重在 0.5 千克左右时较为适宜。阉割后的鸡，饲料吃得少，肉长得快，饲养最

经济，而且其肉质和肥度也更符合标准。

②阉割工具　主要有保定杆、开张器、套睾器、阉割刀及托睾勺等。

③阉割部位　鸡的肾脏紧贴在脊椎两侧的下方，扁而长，分前、中、后3叶。睾丸位于肾脏头端的腹侧，从体表的投影看，其前界相当于最后第二肋骨的水平，后界于最后肋骨。成年鸡的睾丸可达最后肋骨的后方。所以，阉割部位一般于翅下倒数第1～2肋间，于单侧进行可减少手术创口，减少感染机会。

④阉割步骤　在手术前禁食18小时、禁水12小时，使小肠排空，以便能更好地观察体腔，也减少手术刺穿小肠的危险。

将小公鸡的两翅交叉固定，两腿绑在保定杆或木棍上，使其侧卧，左侧向上。

将阉割开口部位周围的羽毛拔掉，用碘酊消毒皮肤后，左手拇指与食指将皮肤和髂腰肌一起稍向后拉，并固定开刀部位；右手持刀，在开口部位沿肋骨的走向切开4厘米左右的长度。

用开张器撑开切口，用阉割刀另一端的小钩划破腹膜。

用托睾勺轻压肠管，即可看见淡黄色的睾丸，然后在托睾勺的配合下用马尾套睾器摘除睾丸。睾丸脱落后用托睾勺取出。

肉鸡阉割步骤见图5-34。

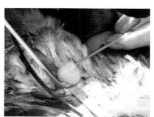

切开　　　　　　　　撑开切口　　　　　　　　摘取睾丸

图5-34　阉割步骤

对侧的睾丸可用同样的方法摘除。如技术熟练可采取一侧开刀取两侧睾丸，先取下面一侧睾丸，然后再取上面的睾丸。一般切口可以不缝合，如切口较长时，可用缝合线缝 2 ～ 3 针。

（2）灸烙阉鸡术　先将公鸡保定，拔掉腺脂穴(肛门下方)周围的羽毛，用剪刀将腺脂突出部位剪平，然后用点燃的香火或烧红的圆铁丝，对准腺脂穴施以热刺激，刺激方法是有节奏地间断刺激，即刺激一下，马上离开，再刺激一下，再离开，如此重复实施，直至腺脂穴不出血、出现焦皮为止。

（3）中草药阉割术　中草药阉鸡法简便快速，易操作，成本低，安全可靠。具体做法：体重 250 克的公鸡，喂白胡椒、五味子各 10 粒；体重超过 250 克的公鸡，每超过 50 克，再加喂 1 粒。例如：体重 350 克的公鸡，喂白胡椒、五味子各 12 粒，每天早、中、晚各 1 次，分 3 次喂完，喂时掰开鸡口腔，让鸡整粒吞下即可，一般 7 天左右公鸡鸡冠开始萎缩，羽毛变淡黄，雄性消失，停止鸣叫，不打斗。

药性介绍：白胡椒和五味子具有抑制公鸡睾丸分泌，改变其雄性特征的作用。喂后公鸡雄性特征逐渐消失，生长速度加快。宰杀后肉质鲜嫩，安全可靠，对人体无任何毒副作用。建议阉割时先用少部分公鸡做试验，如果有效并且没有副作用，再进行大批操作。

（三）早　熟　性

对于肉鸡来说，上市的一个最基本条件就是要具有性成熟的外观：冠大、脸红、毛光鲜、有皮下脂肪等，因为只有接近性成熟时脂肪沉积较多、肉质最鲜美、风味最浓郁。但是目前大部分肉鸡品种需要饲养 140 ～ 150 天才会达到性成熟，这样就会由于饲养周期长而造成耗料多、成本高、经济效益降低。因此，进行鸡性早熟研究和早熟品种的培育成为当前优质鸡育种的主攻方向，也将是鸡育种领域的一个重大突破。

外界因素对性成熟的影响较大。

1. 光照的影响　光照时间、强度及变化速度均对性成熟产生影响。当小鸡接近性成熟时，对光的易感性增强。将育雏后期和育成期光照制度科学结合才能使性成熟提前。人工补光强度应不小于自然光照的 1%，否则鸡将不能感觉到光照，认为仍在黑暗中，属无效补光。

2. 体重的影响　体重过高，性成熟会有所提前；体重过轻，会使鸡的性成熟受阻，延迟上市。

3. 饲料营养的影响　饲料营养是影响动物性成熟的另一重要因素。鸡只生殖系统的发育除对蛋白质、能量、钙、磷等常规营养需要外，还需要合成一些特定的酶、激素类物质。当这些物质缺乏时，同样会推迟性成熟。虽然目前对鸡生殖系统发育所需的物质还不很确切，但提高饲料中必需氨基酸含量、保证添加剂的质量是至关重要的。

另外，温度、湿度、通风等对鸡的性成熟都有一定的影响。比如梅雨季节，空气湿度较大以及光照不稳定，不利于鸡的性器官发育和成熟，使鸡性成熟推迟。

五、标准化饲养

2010 年以来，农业部大力推广畜禽标准化养殖，规模化标准化养殖已逐渐成为肉鸡养殖的主流模式，其主要内容如下。

（一）品种良种化

饲养的肉鸡品种要求是经过国家审定或者国外引进的良种，

来源清楚，引种证明材料齐全，检疫合格(图5-35)。

图5-35 标准化饲养品种

(二)养殖设施化

选址布局科学合理，鸡舍、饲养和环境控制等生产设施设备适应标准化生产的需要，配备有自动加料、饮水、消毒和加药、控温等系统，可大大降低劳动强度，减少疫病传播，提高生产性能(图5-36)。

(三)管理规范化

严格遵守饲料、饲料添加剂和兽药使用有关规定，生产过程实行信息化动态管理，配备与饲养规模相适应的畜牧兽医技术人员(图5-37)。

肉鸡平养设施　　　　　　　　　　　　　　肉鸡笼养设施

| 环境控制系统 | 自动喷雾系统（兼消毒加湿功能） |

图 5-36　标准化养鸡设施

图 5-37　规范的养鸡管理体系（来自河南大用集团）

（四）防疫制度化

防疫制度健全，科学实施疫病综合防控措施，根据饲养品种特点和当地疾病流行状况制定免疫程序。建有焚尸炉、深埋处理等设施，实现病死鸡的无害化处理（图 5-38）。

（五）鸡粪无公害化处理和资源化利用

一般养鸡场采用堆积发酵等方式，消灭鸡粪内的病原微生物，采取农牧结合形式，实现鸡粪资源化利用。也有饲养场发展鸡粪深加工，根据不同作物营养需要，制作专用有机肥（图5-39）。

图5-38　规范的安全管理体系（来自河南大用集团）

图5-39　管道式粪污处理系统

第六章　肉鸡场疫病综合防控

消毒和防疫关系到鸡场的生死存亡，必须树立防重于治的理念。做好饲料、饮水、垫料、粪便、用具及环境等的卫生管理，严格遵守、执行防疫制度可以大大减少传染病的发生。

一、日常消毒

（一）鸡舍消毒

鸡舍消毒包括房舍、用具的清扫、冲洗和消毒。

鸡舍内消毒流程如表 6-1。

表 6-1　鸡舍内消毒

步　骤	操作方法
清理器具	将可移动工具，如饮水用具、供料用具、清粪用具等搬出舍外指定地点进行冲刷、晾晒、消毒
鸡舍清扫	先清理鸡粪，再彻底清扫，包括顶棚、死角、鸡笼、鸡架、鸡舍四壁、地面等
冲洗	用高压水枪冲刷顶棚、死角、墙壁、鸡笼、鸡网架、地面等，彻底清除粪便、灰尘及蜘蛛网等
设备复位	将移出后清洗和消毒过的料桶、料槽、饮水器等用具重新搬至舍内，并安装调试正常
喷洒消毒	喷洒顺序：地面→顶棚→墙壁→鸡笼（或棚架）和设备→地面。坚持消毒→干燥鸡舍→再消毒→再干燥鸡舍的步骤，可保证较好的消毒效果
熏蒸消毒	封闭门窗、通风孔。将高锰酸钾放入瓷盆，然后小心将 40% 甲醛倒入盆中，迅速撤离，关严门窗。24 小时后打开门窗。熏蒸时鸡舍温度高于 20℃，空气相对湿度 70%，消毒后关闭鸡舍，禁止闲杂人员入内

对育雏舍、发生过传染病的鸡舍或旧鸡舍的消毒应更加严格，金属围栏与铁质料槽等在冲洗晾干后用火焰喷枪灼烧（图 6-1），

图说高效养肉鸡关键技术

再进行药物消毒。

图 6-1　火焰喷枪消毒

（二）设备用具的消毒

1. **料槽、饮水器**　塑料制成的料槽与饮水器，可先用水冲刷，洗净晒干后再用 0.1% 新洁尔灭溶液刷洗消毒。在禽舍熏蒸前送回去，一同熏蒸消毒。

2. **蛋箱、蛋托**　反复使用的蛋箱与蛋托，特别是送到销售点又返回的蛋箱，传染病原的危险很大，因此必须严格消毒。用 2% 苛性钠热溶液浸泡、洗刷，晾干后再送至禽舍一并熏蒸消毒。

3. **运鸡笼**　送淘汰鸡出场的运鸡笼，要在场外用清水冲洗干净并用消毒药浸泡或过氧乙酸等进行喷雾消毒后再运回鸡场，鸡笼运回鸡场后再进行冲洗和晒干消毒，然后才能使用。

（三）环境消毒

1. **消毒池**　鸡场每一区域、每一房舍入口处均要建消毒池，池内消毒液可用 2% 苛性钠溶液，池液每天换 1 次；用 0.2% 新洁尔灭每 3 天换 1 次。大门前通过车辆的消毒池宽 2 米、长 4 米，水深在 5 ～ 10 厘米（图 6-2）；人员与自行车通过的消毒池宽 1 米、长 2 米，水深在 3 厘米以上。对外来车辆认真消毒(图 6-3)。

　　2.鸡舍间的空地　　每季度先用小型拖拉机耕翻，将表土翻入地下，然后用火焰喷枪对表层灼烧，烧去各种有机物，定期撒生石灰等消毒药(图 6-4)。

　　3.生产区的道路　　每天用 0.2% 次氯酸钠溶液等消毒药喷洒 1 次，如当天运送家禽则在车辆通过后消毒(图 6-5)。

图 6-2　鸡场入口消毒池

图 6-3　外来车辆喷雾消毒

图 6-4　地面撒石灰消毒

图 6-5　鸡舍外环境消毒

　　4.带鸡消毒　　带鸡消毒是鸡场的日常消毒方式之一。带鸡消毒多采用喷雾消毒。选择对鸡无害的消毒药。可使用电动喷雾器或农用喷雾器喷雾。每平方米地面 60 ～ 180 毫升，每隔 1 ～ 2 天喷 1 次。消毒药液的温度由 20℃ 提高到 30℃ 时，其效力也随之增加，所以配制消毒药时要用温水稀释，水温控制在 40℃以下，不宜太热。夏季消毒可用凉水稀释，尤其是炎热的夏天，消毒时间可选在最热的时候，以便喷雾消毒的同时起到防暑降温的作用。对雏鸡喷雾消毒，药物溶液的温度要比育雏器供温的温度高3℃~4℃。当鸡群发生传染病时，每天带鸡消毒 1~2 次，连用3~5 天。

带鸡消毒也可使用雾化效果较好的自动喷雾装置或农用小型背包式喷雾器，雾粒大小控制在 80~120 微米，喷头距鸡体 50厘米左右为宜。喷雾时喷头向上，先内后外逐步喷雾。密闭式鸡舍亦可用大瓶加入过氧乙酸、惠福星等易挥发的消毒药挂放在进风口处，随着空气进入鸡舍，达到鸡舍空气消毒的效果(图 6-6)。

自动喷雾带鸡消毒　　　　　　　　　人工带鸡消毒

图 6-6　带鸡消毒

（四）鸡粪和病死鸡的无害化处理

有害微生物和蚊蝇很容易在鸡粪或死鸡尸体里滋生和大量繁殖，成为病原。因此，鸡粪和死鸡尸体的无害化处理是疫病综合防控措施之一。鸡粪和病死鸡处理场所必须位于鸡场下风口定点场所。发酵粪便定期装袋运出用作肥料。冲洗的粪水进入舍外化粪池。无害化处理有 3 种方法，见表 6-2。

表 6-2　无害化处理方法

处理方法	内 容
鸡粪生物发酵法	在距鸡舍 100～200 米远挖一浅坑，作为粪场，将鸡粪堆积 1～1.5 米高，盖上一层谷草，然后抹上 10 厘米厚的泥土，堆放 3 周以上使鸡粪发酵，发酵热产生杀菌、灭虫的作用
鸡粪、病死鸡消毒掩埋法	将鸡粪与漂白粉溶液或 20% 石灰乳混合，掩埋在地下 2 米左右，地下采用水泥池或玻璃缸可防止污染地下水
病死鸡焚烧法	发生传染病时粪便和尸体的最佳处理办法是焚烧法。可以用焚烧炉焚烧；也可采取深坑焚烧，即挖一深坑，支上铁架，放上木材，再放上鸡粪或死鸡，用干草点燃，彻底焚烧

焚烧法处理见图 6-7。

焚 烧 炉　　　　化 粪 池　　　　地下玻璃缸处理死鸡（来自北京家禽育种公司）

图 6-7　无害化处理

（五）常用消毒药

常用消毒药及其使用见表 6-3。为了避免产生抗药性，不同消毒药应交替使用。

表 6-3　常用消毒药的使用方法

消毒药	用途、浓度和消毒方法
新洁尔灭	0.1% 溶液用于洗手、浸泡种蛋及带鸡喷雾消毒。本品不能与肥皂及其他合成洗涤剂一起使用
过氧乙酸	0.1%～0.5% 用于用具、鸡舍、地面喷雾消毒，0.3% 用于带鸡消毒
40% 甲醛	5%～10% 溶液用于喷洒用具、鸡舍及排泄物等

续表 6-3

消 毒 药	用途、浓度和消毒方法
高锰酸钾和 40% 甲醛	熏蒸密闭式鸡舍。加等量水，每立方米 40% 甲醛 15～30 毫升，加热，密闭 24 小时。还可按每立方米用高锰酸钾 14 克，40% 甲醛 28 毫升进行熏蒸消毒，旧鸡舍加倍
百毒杀	0.2%～0.5% 用于鸡舍、环境、用具及带鸡消毒
来苏儿	1%～2% 溶液用于洗手消毒，5%～10% 溶液用于喷洒用具、鸡舍及排泄物消毒
烧碱（氢氧化钠）	1%～3% 溶液用于饲槽、鸡舍、土壤、运输工具等消毒。烧碱消毒地面 6～12 小时后用清水冲洗
漂白粉	5%～20% 混悬液用于喷洒鸡舍、地面、粪场、车辆及排泄物等，1%～3% 漂白粉澄清液可用于食具消毒
生石灰	加等量水熟化，再加 9 倍水稀释，制成 10% 石灰乳，用于喷洒墙壁、地面、车辆、粪场及垃圾场等，也可直接撒粉于阴湿地面或粪便上

二、免 疫

（一）免疫方法

免疫接种是用人工方法给鸡接种疫苗或免疫血清，使机体自动产生免疫力或被动得到特异性免疫力。这是防治传染病的一种重要手段，特别是病毒性传染病，疫苗接种或抗体注射才有效（图 6-8）。肉鸡常用免疫方法如下。

图 6-8 免疫接种

1. 滴鼻、点眼法 将 500 只鸡的剂量用 25 毫升凉的生理盐水稀释，摇匀后用滴管（眼药水瓶也可）在鸡的眼、鼻孔各滴 1 滴（约 0.05 毫升），让疫苗液体进入鸡气管或渗入眼中。滴鼻时注意用固定雏鸡的手的食指堵上另一侧鼻孔，以利疫苗被吸入；点眼要待疫苗扩散后才能放开鸡只，此法适用于雏鸡的新城疫Ⅱ、Ⅲ、Ⅳ系疫苗和传染性支气管炎、传染性喉炎等弱毒疫苗的接种（图6-9）。

2. 肌内注射法 按每只鸡0.5～1毫升的剂量将疫苗用生理盐水稀释，用注射器在鸡腿、胸或翅膀肌内注射（图6-10）。注射部位要避开大血管、神经，在肌肉丰满处刺入。此法适用于新城疫Ⅰ系疫苗、禽霍乱毒苗等灭活疫苗免疫。肌内注射接种时，要备足针头，最好一鸡一针头。注意注射在肌肉浅层，进针方向与肌肉呈15°～30°角，用7号短针头。产蛋鸡最好不要肌内注射。

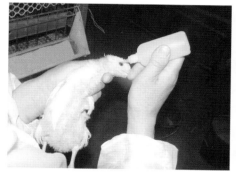

图6-9　滴鼻、点眼免疫法

图6-10　肌内注射免疫

3. 皮下注射法 适用于鸡马立克氏疫苗接种。将1 000羽份的疫苗稀释于200毫升专用稀释液中，注射时在鸡颈部后段（靠翅膀）捏起皮肤，刺入皮下注射0.2毫升（图6-11）。注意一针一消毒，最好一鸡一针头。此法也适合产蛋鸡群的免疫，对产蛋基本无影响。

4. 翅膀内刺种法 将1 000羽份的疫苗，用25毫升生理盐水稀释，充分摇匀，用接种针蘸取疫苗，刺种于鸡翅内侧三角翅膜区，注意避开血管（图6-12）。小鸡刺1针，成鸡刺2针。此

法适用于鸡痘疫苗接种，3天后抽查刺种部位，若有小肿块或红斑，表明免疫接种成功，否则需要重新刺种。

图6-11　皮下注射免疫

图6-12　翅膀下鸡痘刺种

5.饮水接种法　此法适合鸡新城疫Ⅱ、Ⅳ系和法氏囊等弱毒疫苗的接种。免疫前饮水器反复冲洗干净，最好再用凉开水冲洗1遍。用凉开水稀释疫苗，疫苗用量加倍，并在饮水中加入0.2%脱脂奶粉。不能直接用自来水稀释。不得用金属器具盛水。

疫苗水应在1～2小时饮完，水用量为2周龄以内每只鸡8～10毫升；2～4周龄12～15毫升；4～8周龄20毫升；8周龄以上40毫升。免疫前鸡群必须断水3～4小时以上，饮水器数量要充足、摆放要均匀，以利鸡群能同时饮用。免疫前后24小时内不得饮高锰酸钾水及其他消毒药水。

6.喷雾免疫　喷雾免疫适合大型养殖场，这种免疫方法目前在国内养鸡业中远没有饮水、滴鼻、点眼等方法使用得普遍。喷雾免疫比较适合对8周龄以上鸡免疫。免疫鸡群必须健康，尤其要无呼吸道疾病，否则不但不会产生理想效果，还会加剧呼吸道疾病。

喷雾免疫要注意舍内灰尘较少，免疫过程关闭门窗，禁止通风，保持舍内有适宜的温度和湿度。疫苗应遵照使用说明配制、使用。有些疫苗喷雾免疫时要求使用无菌蒸馏水，用量因鸡群日龄大小不同而不同(图 6-13)。

图 6-13　气雾免疫

(二)免疫注意事项

一般免疫注意事项：

①发病鸡群不宜接种。

②疫苗按说明书的要求保存和使用。

③在正规厂家购买疫苗，疫苗过期、冻融过、变色等均不能用。

④疫苗现用现配。

⑤接种过程中可能有浪费，通常 500 羽份疫苗接种 400 只鸡左右。

⑥接种活菌苗前后 3 ~ 5 天，鸡群应停止使用对菌苗、菌株敏感的抗生素药物。

⑦接种后要注意观察鸡群有无不良反应或发病。

⑧某些传染病暴发时，为了迅速控制和扑灭该病的流行，对疫区和受威胁区的家禽进行紧急接种。

紧急免疫注意事项：

①必须在疾病流行的早期进行；

②尚未感染的动物既可使用疫苗，也可使用高免血清或其他抗体预防，但感染鸡或发病鸡则最好使用高免血清或其他抗体进行治疗；

③必须采取适当的防范措施，防止操作过程中由人员或器械造成的传染病蔓延和传播。

（三）参考免疫程序

免疫程序不是固定不变的，应根据当时、当地鸡病流行情况、抗体水平等制订适合本场的免疫程序。养殖户可咨询当地兽医部门。肉鸡免疫程序可参考表6-4。

表6-4　白羽肉鸡免疫程序（参考）

日　龄	疫　苗
7	新、支二联活疫苗
10～12	法氏囊弱毒活疫苗
18	新、支二联活疫苗
24	法氏囊中等毒力活疫苗和鸡痘苗

黄羽肉鸡的养殖时间较长，所以应增加一些免疫项目，如马立克氏病和禽流感。马立克氏病，由于该病的易发期多在2月龄以后，所以建议优质黄羽肉鸡在出壳后及时接种马立克氏疫苗；禽流感在蛋鸡和白羽肉鸡养殖中问题较多，但为减少危险性，建议将其列在免疫程序之中。其他免疫项目根据本地区疾病流行的特点，采取正确的方法进行有效的免疫及监测。此外，还要搞好隔离、卫生消毒工作。

黄羽肉鸡免疫程序可参考表6-5。

表6-5　黄羽肉鸡参考免疫程序

日　龄	疫苗种类	免疫方法
1	马立克氏疫苗	皮下注射
1～3	新城疫传染性支气管炎二联苗	点眼、滴鼻

续表 6-5

日　龄	疫苗种类	免疫方法
8 ~ 10	鸡　痘	刺　种
9 ~ 12	法氏囊疫苗	点眼、滴鼻
12 ~ 15	新城疫油苗	注　射
16 ~ 18	法氏囊疫苗	滴鼻或饮水
20 ~ 25	新支二联苗	滴鼻或饮水
35 ~ 40	新城疫 I 系	点　眼

对于优质肉鸡（饲养 90 ~ 120 天），应在 30 日龄增加 1 次禽流感灭活疫苗的免疫。

三、兽药的正确使用

及时送检病鸡。鸡有异常表现时，应及时报送技术员或兽医部门进行检验诊断，找出病因。

注意对症用药。在防治鸡病时，一定要根据病鸡的症状选用对症、有效的药物进行治疗。如条件许可，应根据药敏试验的结果选择药物。对一般细菌性感染，使用常用抗菌药物，连用 3 ~ 5 天即可。

注意药物选购。选购可靠厂家生产的药品，凡是无生产厂家名称、联系地址、生产许可证的药品都不是合格药品，不能购买使用。

注意准确用药。一定要严格按照说明书用药量用药，掌握好疗程。

轮换用药。要坚持轮换用药的原则，同种药物不宜长期使用。

选择适当的投药方法。采取饮水给药时，药物应充分溶解；在水中易被破坏的药物，应在用药前给鸡群断水 2 ~ 3 小时，使鸡群在较短时间内饮完；要有足够的水槽，使鸡有同等的饮水机会；拌料给药时，拌料要均匀。

联合用药时注意药物的配伍禁忌。

重点考虑用药的经济性和有效性。用药要考虑经济效益和药物的有效性，不可追求新特药。

严格执行休药期。休药期是指从最后1次给药时起，到出栏屠宰时止，药物经排泄后，在体内各组织中的残留量不超过食品卫生标准所需要的时间。一般休药期为3～7天。

兽药必须存放在兽医室药品柜中，严格按照保存条件保存，由专人保管，登记取用，出陈纳新。

兽医人员做好用药记录，可参考表6-6。

表6-6　用药（免疫）记录表

鸡舍编号：

日期	药物(疫苗)名称	生产厂商	用药途径	用药量	鸡数	日龄	经手人

第七章　肉鸡常见病的防治

　　根据肉鸡生产中易发的疾病，本章着重介绍两大类。一类是非传染病，包括消化不良、维生素缺乏症、缺硒症等；另一类是传染病，包括大肠杆菌病、沙门氏菌病、烟曲霉菌病、葡萄球菌病、鸡球虫病、禽流感等。

　　非传染病多由于饲养管理不当，如饲料配合不当、温度不当、空气污浊等原因造成的。通过加强饲养管理，调整饲料配方，加强对饲养员的技术培训等措施，可以有效控制非传染病的发生。

　　肉鸡传染病的流行是由传染源、传播途径和易感鸡3个要素共同造成，缺一不可。因此，通过制订合理的免疫程序减少易感鸡、给药环节消灭传染源和消毒（切断传播途径）程序等措施，可消除或切断造成疫病流行的3个要素及其联系，使疫病不发生或不致继续传播。这些措施应包括"养、防、检、治"4个基本内容的综合防控措施。综合防控措施包括平时的预防措施和发生疫病时的扑灭措施两个方面。

一、腹水症

　　临床症状：鸡精神沉郁，两翅下垂，反应迟钝，步态不稳，不愿活动；最典型的症状是呼吸轻度困难，鸡腹部膨大，呈水袋状，触压有波动感，腹部皮肤变薄发亮，严重者皮肤淤血发红，急性腹水症的病鸡站立困难，以腹部着地呈企鹅状，行动困难，只有两翅可以上下扇动，腹部穿刺会流出大量橙色透明的液体。

　　防治措施：初期症状一般不明显，到产生腹水时已是病程后期，并发症导致死亡率增高，治疗困难，故应以预防为主，主要从改善饲养环境、科学管理、均衡营养等方面考虑。如改善卫生条件，注意鸡舍通风，调整鸡群的饲养密度防止拥挤；腹水症的发生与前期体重增长过快有关，应适当减少光照时间，减少鸡的采食量，降低生长速度；饲喂全价饲料，并在饲料中适量添加维生素C、维生素E和各种微量元素；在肉鸡5～40日龄阶段，按1%比例喂腹水净，对预防腹水有较好的效果。对于发病较多的鸡群，使用腹水净、腹水灵、皂苷等药物，并配合使用能降低肠道内氨水平的脲酶制剂（如PRO-JY制剂）可有效地减少损失。

二、肉鸡腿部疾病

随着肉仔鸡生产性能的提高，腿部疾病的严重程度日益增加。

引起腿病的原因归纳起来有以下几类：遗传性腿病，如胫骨软骨发育异常、脊椎滑脱症等；感染性腿病，如化脓性关节炎、鸡脑髓炎、病毒性腱鞘炎等；营养性腿病，如脱腱症、骨软症、维生素B缺乏症等；管理型腿病，如风湿性和外伤性腿病。

腿病发病特点：肉鸡腿病是复合的多病因疾病，严重影响肉鸡正常运动能力。本病临床表现为腿肌无力、骨骼变形且关节囊肿等，造成跛行、瘫痪，严重影响运动和采食，制约生长速度，降低养殖效益。

防治方法：遗传性、营养性和管理性腿病不具有传染性，可以从以下几个方面做起，①根据不同的生长阶段采用不同的饲料配方所生产的饲料，保证营养均衡，维生素水平适中，防止钙、磷的缺乏。②保持鸡舍通风、卫生、干燥，垫料要松散防潮，并定时更换。③饲养的密度要适宜，3～4周龄后，每平方米不超过10只鸡。由于感染细菌和病毒引起的腿病具有传染性，必须做好疫苗接种和疾病预防工作，完善防疫保健措施，杜绝感染性腿病。④对已经患腿部疾病的肉鸡要及早隔离，精心管理，适时将其售出，以减少经济损失。如若发病需及时找兽医诊治，查找病因，综合预防。

三、呼吸道疾病

鸡的呼吸道疾病的防治在肉鸡生产中是比较复杂的，呼吸道疾病的种类也很多。有的是由病毒引起的，有的是由细菌和支原体引起的，在肉鸡生产中不容小觑。无论哪种呼吸道疾病发生，从临床症状和鸡群的表现上都很难确定发生的是哪一种呼吸道疾病，给诊断带来一定的困难。

（一）鸡慢性呼吸道疾病

该病也叫鸡支原体病，鸡群发病特点是发病急，传播慢，病程长（1个月以上）。在没有其他疾病发生时，由于温差变化大、饲养密度大、鸡舍通风不良也会发生感染。感染时多数鸡只精神、食欲变化不大，少数鸡只呼吸音增强（只能在夜间听到）。此病没有继发感染时死亡率低。死亡鸡解剖后主要的病理变化是气囊炎。但在肉鸡的实际生产中，本病发生后常继发大肠杆菌病。

防治措施：本病有明显的诱因，生产中更重视预防。在预防工作中，首要做好各种病毒性疾病预防接种工作，鸡毒支原体活疫苗在预防由鸡毒支原体引起的慢性呼吸道疾病有较好的效果。其次是加强饲养管理，夏天做好防暑降温，冬天做好防寒保暖。有条件的鸡场应施行全进全出制度，留足时间进行清洁消毒。

发病后，尽快联系兽医，确定病因，及时治疗。针对大群，可以使用泰乐菌素、强力霉素、螺旋霉素、恩诺沙星等连续饮水

2 ～ 3 天,或者使用强力霉素(多西环素)拌料投食,连用 3 ～ 5 天。对于重病鸡,可用链霉素 5 万单位／千克体重或用卡那霉素 0.5 万单位／千克体重,一日 2 次肌内注射,连用 2 ～ 3 天。必要时及时淘汰病鸡,防止本病的继发感染。

(二)传染性支气管炎

传染性支气管炎是由冠状病毒引起的一种急性呼吸道疾病,以气喘为突出症状。任何年龄鸡均可感染,肉鸡仔鸡多见于肾型传染性支气管炎。

发病初期病鸡表现为精神不振,食欲减退,甩鼻,咳嗽,张口呼吸,体温升高,饮水量增加。经过 2 ～ 3 天后症状似乎有所好转(典型的肾型传染性支气管炎暴发前的表现恢复期),鸡群突然精神沉郁,喘息,怕冷,气管出现明显的啰音,同时伴有腹泻;发病中期严重脱水,病鸡多拱背、呆立、厌食、翅下垂,排出大量白色石灰水样稀便。

防治措施:加强饲养管理,注意天气变化,及时进行免疫接种,且黄连、木香、苍术等中草药的入料投食对于该病的预防也具有良好的效果。对病鸡干扰素配合中药、肾肿消等药物治疗,同时要降低饲料中蛋白质含量,并投喂抗生素防止继发性感染。发病后可以以饮水的方式喂给强力霉素,连饮 3 ～ 5 天。

四、大肠杆菌病

大肠杆菌常引起雏鸡脐炎和败血症。病鸡虚弱,水样腹泻,腹部膨大,脐孔及周围皮肤发红、水肿。脐孔闭合不全。卵黄吸收不全。2 ～ 6 周龄病鸡表现为食欲下降,精神委靡,缩颈,嗜睡。

防治措施:药物预防,可用广谱抗生素和黄连、金银花等中药进行预防；采用地方分离株制成的蜂胶苗和油佐苗可有效预防本病，最少免疫2次，间隔3周；治疗，选用敏感药物，如硫酸新霉素、氧氟沙星、头孢噻呋等。但近年来由于抗生素的广泛使用，大肠杆菌耐受药性增强，因此应进行药敏试验或多种敏感药物交替使用。

<h2 align="center">五、球虫病</h2>

　　球虫病典型的症状是粪便中有不消化的饲料，也就是常说的"过料"。最早的可发生在7～8日龄，粪便恶臭，有橘黄色粪便或胡萝卜丝样血便，多数水粪分离、冠髯及可视黏膜苍白贫血、两翅下垂、两脚麻痹或痉挛性伸缩、机体消瘦、嗉囊充满液体。若无其他继发病，死亡率很低，抗病力降低，但料肉比增加。肉鸡常见的球虫病主要是小肠球虫和盲肠球虫。小肠球虫多发于笼养和平养的肉鸡，盲肠球虫一般地养的较多发。

　　防治措施：肉鸡球虫病危害较大，从感染到发病有一定的过程。当出现症状时，可能已经有大量的鸡感染了。因此，防治肉鸡球虫病的关键措施在于预防。

　　加强饲养管理。饲料和饮水要保持清洁卫生。雏鸡饲料的营养要全面，特别要保证蛋白质和维生素的要求。粪便、污物等要及时清除，防止粪便、污物对饮水、饲料、场地环境的污染，水槽、小碗或饮水器以及料槽（桶）要坚持每天用消毒液或高锰酸钾液擦洗1次。每天清粪1次、地面用3%火碱水喷洒消毒1次。

　　注意通风换气。肉鸡无论笼养、地面平养、网上平养，通风换气尤为重要，特别是冬季暴发球虫病往往是大部分农户只注重保暖忽视通风造成的。要解决通风和保暖的矛盾，首先要建造好育雏舍的火炕、铺设好地表烟道，根据舍外温度决定用多少炉子，架设排烟管，把烟尘和有害气体排出舍外。利用鸡舍天窗及时排出氨气和硫化氢气体。在暖和的中午打开阳面窗，根据舍内温度确定开窗面积，保持舍内干燥，以减少球虫病的发生。

对于已经发病的鸡应立即隔离，及时进行药物治疗。药用效果较好的有地克珠利，可使用 5% 地克珠利纳米乳，浓度 1.0 毫克／毫升，饮水给药，其次莫能菌素、氨丙啉、尼卡巴嗪等抗球虫药也有一定的治疗作用。

六、新城疫

肉鸡新城疫，俗称鸡瘟，是由副黏病毒引起的一种急性高度接触性烈性传染病。主要以 20～50 日龄的肉鸡多发，鸡群精神沉郁、食欲减少甚至废绝，体温升高，常甩头发出"咯咯"声，排黄绿色不成形稀粪，开始出现零星鸡只瘫痪，2 天后表现肌肉震颤、病鸡嗉囊积液。病程一般 5～7 天，康复后出现歪颈、观星等神经症状。

防治措施：关键是做好免疫。使鸡群在整个饲养周期内，对新城疫始终保持高度、持久、一致的免疫力。以下为新城疫免疫程序，供参考：当肉鸡 7～10 日龄时，用弱毒苗滴鼻或点眼；间隔 15 天每只鸡注射 1 羽份弱毒苗，同时在另一部位注射半羽份油苗；当鸡开产前(大约 120 日龄时)每只鸡注射 1 羽份油苗。有条件的此时给鸡群进行 1 次气雾免疫效果更好。

在整个饲养周期内，有条件时要定期检测鸡群新城疫的免疫状况，当免疫水平低或抗体水平参差不齐时，要立即用气雾方法或注射方法进行辅助免疫，以提高鸡群整体免疫水平，这样才能有效地控制新城疫的发生。发病时，可用抗毒灵口服液治疗，并配合中草药拌料。对于重度感染的鸡群可以注射 1～3 毫升的高免卵黄抗体。

七、禽流感

禽流感是由 A 型流感病毒引起的以禽类传染发病为主的剧烈传染病。主要表现为体温升高,精神沉郁,采食量下降或停止采食,羽毛松乱。有呼吸道症状,如咳嗽、喷嚏,表现呼吸困难,鸡冠发紫。病鸡流泪,头和面部水肿。部分有神经症状,头颈扭转,共济失调。病程稍长的多伴有继发感染。强毒株引起的急性暴发可不见明显症状而大批死鸡, 死亡率可达 80 ~ 100%。非急性暴发的死亡率10% ~ 50% 不等。

防治措施:免疫接种是控制禽流感流行的最主要措施。掌握当地疫病流行的毒株情况,接种单价疫苗是可行的,这样可有利于准确监控疫情。高致病性禽流感一旦暴发,应严格采取扑杀措施,封锁疫区,严格消毒;低致病性禽流感可采取隔离、消毒、止咳平喘的中药,如大青叶、清瘟散、连翘散和板蓝根等,以及病毒灵、金刚烷胺和和金刚乙胺等抗病毒类药物对症治疗。

为加强饲料、兽药和人用药品管理,防止在饲料生产、经营、使用和动物饮用水中超范围、超剂量使用兽药和饲料添加剂,杜绝滥用违禁药品的行为,我国农业部已公布《禁止在饲料和动物饮用水中使用的药物品种目录》,详见附件。在禽病防治过程中要参照执行,严格避免违禁药物的使用。

在严格执行防疫消毒等措施的同时,要做好疫苗和兽药等的使用记录,以便出现问题时追溯查找原因。

附件 禁止在饲料和动物饮用水中使用
的药物品种目录

一、肾上腺素受体激动剂

盐酸克仑特罗(又称瘦肉精),沙丁胺醇,硫酸沙丁胺醇,莱克多巴胺,盐酸多巴胺,西马特罗,硫酸特布他林。

二、性 激 素

己烯雌酚,雌二醇,戊酸雌二醇,苯甲酸雌二醇,氯烯雌醚,炔诺醇,炔诺醚,醋酸氯地孕酮,左炔诺孕酮,炔诺酮,绒毛膜促性腺激素(绒促性素),促卵泡生长激素。

三、蛋白同化激素

碘化酪蛋白,苯丙酸诺龙及苯丙酸诺龙注射液。

四、精神药品

(盐酸)氯丙嗪,盐酸异丙嗪,地西泮,苯巴比妥,苯巴比妥钠,巴比妥,异戊巴比妥,异戊巴比妥钠,利血平,艾司唑仑,甲丙氨脂,咪达唑仑,硝西泮,奥沙西泮,匹莫林,三唑仑,唑吡旦,其他国家管制的精神药品。

五、各种抗生素滤渣

抗生素滤渣：该类物质是抗生素类产品生产过程中产生的工业三废，因含有微量抗生素成分，在饲料和饲养过程中使用后对动物有一定的促生长作用。但对养殖业的危害很大，一是容易引起耐药性，二是由于未做安全性试验，存在各种安全隐患。

参考文献

[1] 陈大军，杨军香.肉鸡养殖主推技术[M].北京中国农业科学技术出版社，2013.

[2] 陈继兰，姜润深.图说高效养蛋鸡关键技术[M].北京金盾出版社，2009.

[3] 陈继兰，杨军香.肉鸡养殖技术百问百答[M].北京中国农业出版社，2012.

[4] 李英，谷子林.规模化生态放养鸡[M].北京中国农业大学出版社，2005.

[5] 逯岩，刘长春.肉鸡标准化养殖技术图册[M].北京中国农业科学技术出版社，2012.

[6] 魏刚才.肉鸡快速饲养法[M].北京化学工业出版社，2008.

[7] 文杰，陈继兰.肉鸡技术100问[M].北京中国农业出版社，2009.

[8] 杨宁，等.家禽生产学[M].北京中国农业出版社，2002.

[9] 杨治田.肉鸡标准化生产技术[M].北京金盾出版社，2006.

[10] 臧素敏，等.鸡高效养殖教材[M].北京金盾出版社，2005.

[11] 赵志平.蛋鸡饲养技术(修订版)[M].北京金盾出版社，2003.

[12] Karen schwean-Lardner and Hank Classen. Lighting for broilers. Scotland：Aviagen, 2010.